# 白鹤展翅

## 白鹤滩水电站工程影纪

### （地下工程篇）

欧阳卫红 摄

中国三峡出版传媒

中国三峡出版社

**图书在版编目（CIP）数据**

白鹤展翅:白鹤滩水电站工程影纪.2,地下工程篇/
欧阳卫红摄.—北京:中国三峡出版社,2023.7
ISBN 978-7-5206-0268-6

Ⅰ.①白… Ⅱ.①欧… Ⅲ.①金沙江—水力发电站—
水利水电工程—摄影集 Ⅳ.①TV752-64

中国国家版本馆CIP数据核字(2023)第013564号

责任编辑：于军琴

中国三峡出版社出版发行

（北京市通州区粮市街2号院　101199）
电话：（010）59401514　59401529
http://media.ctg.com.cn

北京雅昌艺术印刷有限公司印刷　　新华书店经销
2023年7月第1版　　2023年7月第1次印刷
开本：889毫米×1194毫米　1/12　　印张：36⅔
字数：648千字
ISBN 978-7-5206-0268-6　　定价：860.00元（上、下册）

# 前　言

世上无难事，只要肯登攀。在中国特色社会主义新时代，我国水电工作者攻坚克难，勇攀高峰，创造了多个世界第一，在金沙江上建成了世界第二大装机容量的水电工程——白鹤滩水电站。高山悬崖之险峻，金沙水流之湍急，岩层地质之复杂，深切峡谷之酷热，大风穿谷之猖獗，都没有难倒勤劳智慧的中国水电建设者，他们将奔腾不息的金沙江水转换为源源不断的巨大电能，为中华民族的伟大复兴献上了一份厚礼。

我有幸经常奔赴白鹤滩水电站施工现场，历经十一年，用镜头记录这个水电工程的建设历程。通过摄影，我不仅见证了宏伟工程的壮观建设场景，更感受到了建设者攀登科技高峰的毅力和吃苦耐劳的奋斗精神。为了让更多人了解和认识这个世界级水电工程，从视觉影像中感受时代变化，我将图片进行整理和甄选，出版了这本反映白鹤滩水电站建设过程的摄影集《白鹤展翅——白鹤滩水电站工程影纪》。这是继三峡水利枢纽工程《圆梦三峡》、乌东德水电站工程《金沙水拍》之后的第三部大型摄影作品集，也是我毕生挚爱巨型水电工程摄影的封镜之作。

用简洁的摄影语言讲好白鹤滩水电站建设的中国故事，是贯穿《白鹤展翅——白鹤滩水电站工程影纪》图片选用和文字编撰的主线。本书既要考虑工程技术的特点，也要考虑摄影艺术的基本要求，使之具有史料价值与科普属性，还要有一定的观赏性，让读者能够从中感受到建设者的伟大和祖国的强大。经过不断探索和思考，我选择了与众不同的方式，以水电工程主要结构特征和施工建设进展为线索，以组图的方式展示工程各部位的建设过程和特征，结合简要的文字介绍，尽量让读者了解工程细节。为此，我选择了1500余幅图片收入书中，分为地上工程篇和地下工程篇两册。我希望这本书能够将这座气势磅礴的世界第二大水电站工程建设过程介绍清楚，同时为工程建设者和爱好者提供真实的图片记录。

多年来，我在拍摄白鹤滩水电站工程的过程中，得到了中国长江三峡集团有限公司（简称三峡集团）、中国三峡建工（集团）有限公司白鹤滩工程建设部、中国三峡出版传媒有限公司等单位和朋友们的大力支持和帮助，也很荣幸得到白鹤滩工程总指挥汪志林同志的专业审核，我在此表示真诚的谢意。

2023年3月

# 作者简介

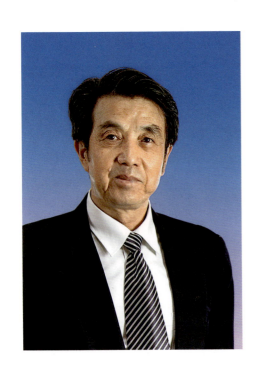

欧阳卫红，湖南省宁乡县人，1956年10月出生，高级会计师、注册会计师、中国摄影家协会会员。先后毕业于湖北省财政学校财政专业、中南财经大学会计专业和武汉大学摄影专业。

欧阳卫红曾从事基层税收、农村财务管理、中央企业财务管理、财政监督等工作。1975年在湖北省洪湖县参加财政税务工作，1984年被调入湖北省武汉市江汉区财政局，1987年12月被调入财政部派驻湖北财政监管机构，先后任财政部湖北监管局（原专员办）副处长、处长、副巡视员。在财政、会计、审计、税务、基本建设和企业财务等经济专业方面颇有研究，发表和出版了数十篇（本）论文和著作，曾被华中科技大学等多所高校聘为兼职教授。

欧阳卫红于1976年开始学习摄影，2001年加入湖北省摄影家协会，同年被推选为湖北省摄影家协会理事，2003年12月加入中国摄影家协会，是湖北省摄影家协会第七届和第八届主席团副秘书长。

坚持十多年拍摄长江三峡水电工程建设，创作了大型纪实摄影作品《圆梦三峡》，作品曾在中国的湖北美术馆和中国美术馆以及塞尔维亚、法国、葡萄牙、挪威等欧洲国家展出。2008年12月19日—2009年1月11日，湖北美术馆（原湖北省艺术馆）、湖北省摄影家协会、中国长江三峡工程开发总公司联合举办了《圆梦三峡——欧阳卫红摄影作品展》，湖北美术馆收藏了展出的全部摄影作品。2009年11月，塞中友好协会、塞尔维亚摄影家协会、湖北美术馆在塞尔维亚联合举办了欧阳卫红《圆梦三峡》摄影作品展。之后两年，中塞文化交流协会分别在塞尔维亚贝尔格莱德、尼什、鲁马等城市举办了《圆梦三峡》摄影作品展。2010年3月5日—19日，中国美术馆和湖北美术馆在北京中国美术馆联合举办了《圆梦三峡——欧阳卫红摄影作品展》。2011年5月19日—6月15日，巴黎中国文化中心和湖北美术馆在法国巴黎联合举办了《圆梦三峡——欧阳卫红三峡工程建设摄影作品展》。2017年7月—9月，三峡工程建设摄影作品在葡萄牙举办的中葡合作与文化交流成果展中专题展出。

2009年9月，人民美术出版社出版了大型画册《圆梦三峡——欧阳卫红摄影作品集》。2011年，中国摄影家协会将其三峡工程摄影作品编入《影像见证历史 影像和谐生活——人大代表政协委员摄影作品集·2011》。

从2012年开始，欧阳卫红跟踪拍摄了世界级特大型水电工程——乌东德水电站和白鹤滩水电站的建设过程。

# 白鹤滩水电站简介

　　白鹤滩水电站是世界第二大水电站，位于云南省巧家县与四川省宁南县交界的金沙江河段，是金沙江下游梯级开发的第二个梯级水电站，具有以发电为主，兼有防洪、拦沙、航运、促进当地经济社会发展等作用。白鹤滩水电站是国家能源战略布局"西电东送"的骨干电源点，与乌东德、溪洛渡、向家坝水电站以及此前建成的三峡、葛洲坝水电站共同构成世界上最大的"清洁能源走廊"。

　　白鹤滩水电站的坝址控制流域面积 430 308km²，占金沙江以上流域面积的 91%。水电站正常蓄水位 825m 高程，水库总库容 206.27 亿 m³，调节库容 104.36 亿 m³，防洪库容 75 亿 m³。水库正常蓄水位与乌东德水电站尾水位（805.5m）重叠 14.5m，是金沙江河段水头重叠最大的水库。

　　白鹤滩水电站工程为 Ⅰ 等大（1）型工程。其枢纽由拦河坝、泄洪消能设施、引水发电系统等主要建筑物组成。大坝是水电站枢纽工程的核心建筑物，承担拦水与泄洪的重要任务。拦河坝为混凝土双曲拱坝，坝身结构复杂，拱坝最大坝高 289m，坝顶高程 834m，坝顶弧长 709m，最大底宽 72m，顶宽 14m。大坝由 6 个导流底孔、7 个泄洪深孔和 6 个泄洪表孔、坝后水垫塘组成。引水隧洞采用的是单机单洞竖井式布置形式，尾水系统采用的是两机共用一条尾水隧洞的布置形式，左、右岸各布置 4 条尾水隧洞。其中，左岸结合 3 条、右岸结合 2 条导流洞布置，左岸有 3 条无压泄洪直洞。大坝承受总水推力达 1650 万 t。

　　白鹤滩水电站全部采用国产 100 万 kW 级水轮发电机组，开创了世界水电 100 万 kW 级水轮发电机组的新纪元。水电站地下厂房呈对称状布置在左、右两岸山体内，地下厂房长 438m、宽 34m、高 88.7m，为世界最大的地下厂房。地下厂房内各安装 8 台单机容量为 100 万 kW 的世界最大水轮发电机组，左岸 8 台由中国东方电气集团自主研发制造，右岸 8 台由哈尔滨电气集团自主研发制造。电力永久外送分别采用两回 800kV 特高压直流输电直送江苏省和浙江省。白鹤滩水电站明显改善了下游各梯级水电站的电能质量，有效地提高了下游溪洛渡、向家坝、三峡、葛洲坝等梯级水电站的年发电量。白鹤滩水电站节能减排效益显著，每年节约标准煤约 1968 万 t，减少二氧化碳排放量 5160 万 t、二氧化硫排放量 17 万 t、氮氧化物排放量约 15 万 t，减少烟尘年排放量约 22 万 t，对促进全国能源结构的优化调整和节能减排具有重要作用。

　　白鹤滩水电站从规划到建成历经半个多世纪。1958 年，国家计划在白鹤滩兴建特大型水电站。1959 年 6 月，捷克斯洛伐克专家组和国内专家组到巧家县做现场勘查，为白鹤滩水电站选址。同年 11 月，昆明水电设计院勘测队进驻白鹤滩做地质勘测，开展前期工作。1965 年，白鹤滩水电站工程列入国家国民经济和社会发展第三个五年计划。1992 年，华东勘测设计研究院有限公司（简称华东院）开始勘测设计。2002 年，国家计划委员会正式批准了金沙江下游水电开发建设规划，白鹤滩水电站开始预可行性研究设计。2006年9月，白鹤滩水电站预可行性研究报告通过审查。2010年10月27日，国家发展和改革委员会办公厅下发《关于同意金沙江乌东德和白鹤滩水电站开展前期工作的复函》（发改办能源【2010】2621号），白鹤滩水电站正式启动前期筹建工作。2015年11月，环境保护部批复了《金沙江白鹤滩水电站环境影响报告书》。2016年6月，华东院编制完成了《金沙江白鹤滩水电站可行性研究报告（枢纽部分）（送审稿）》。2017年8月3日，白鹤滩水电站主体工程开工建设，成为中国乃至世界水电史上具有里程碑意义的重大工程。

白鹤滩水电站建设规模之大、难度之高、影响之深远，位居世界水电工程前列，也是智能建造涉及范围最广、研究程度最深、应用成效最显著，代表世界水电最高水平的创新工程和智能工程。三峡集团在溪洛渡工程"智能大坝"先进建设理念的基础上，提出了"智能建造"的理念。通过实施"智能建造"，攻克了复杂地质条件下全坝采用低热混凝土浇筑施工、高地应力条件下超大规模地下洞室群开挖支护、千米高边坡地质稳定与施工安全、百万千瓦级水电机组制造安装等一系列世界级难题。白鹤滩水电站建成"无缝大坝"的工程智能建造新技术应用成果标志着我国已全面突破水电工程大体积混凝土温控防裂技术，攻克了"无坝不裂"的世界级难题。

白鹤滩水电站工程总工期144个月。在大坝坝肩开挖过程中，实现了700m高陡边坡上"雕刻"的技术，创造了单月最大下挖30m，全年下挖300m的世界纪录。由7台颜色各异的缆机组成的世界最大缆索式起重机群承担着大坝主体的浇筑工作。2017年4月12日开始浇筑混凝土，坝体共浇筑2253仓，约810万m³混凝土。在大坝浇筑的4年多时间里，连续3年浇筑量在200万m³以上，创造了年浇筑量270万m³、月浇筑量27.3万m³、百日过深孔等同类工程的世界纪录。2021年5月31日，大坝全线浇筑到顶，大坝各项技术指标均满足设计高质量要求，这标志着我国300m级特高拱坝建造技术实现了世界领先水平。

白鹤滩水电站工程创造了位居世界第一的6项技术指标：水轮发电机单机容量100万kW居世界第一，圆筒式尾水调压室规模居世界第一，地下洞室群规模居世界第一，300m级高拱坝抗震参数居世界第一，全坝使用低热水泥混凝土居世界第一，无压泄洪洞群规模居世界第一。

2021年6月28日，白鹤滩水电站首批机组（14号、1号）安全准点投产发电。中共中央总书记、国家主席、中央军委主席习近平发来贺信，表示热烈的祝贺。中共中央政治局常委、国务院副总理韩正在北京主会场出席仪式，并宣布白鹤滩水电站首批机组正式投产发电。

2022年12月，白鹤滩水电站全部机组投产发电，标志着白鹤滩水电站全面建成。

# 白鹤滩水电站工程

水电站主要特性指标均位居世界水电工程前列，综合技术水平在世界坝工史上名列前茅

**01** 单机容量 100万kW 世界第一

**02** 圆筒式尾水调压室规模 世界第一

**03** 地下洞室群规模 世界第一

**04** 300m级高拱坝抗震参数 世界第一

**05** 首次在300m级高拱坝全坝使用低热水泥混凝土 世界第一

**06** 无压泄洪洞群规模 世界第一

**07** 装机容量 1600万kW 世界第二

**08** 拱坝总水推力 1650万t 世界第二

**09** 拱坝坝高 289m 世界第三

**10** 枢纽泄洪功率 世界第三

白鹤滩水电站工程为金沙江下游4个水电梯级——乌东德、白鹤滩、溪洛渡、向家坝中的第二个梯级。白鹤滩水电站工程枢纽由拦河坝、泄洪消能设施、引水发电系统等主要建筑物组成。

白鹤滩水电站工程经过10余年的科研、勘测、设计，开展了150多项专题研究和技术领域的攻关，攻克了一系列技术难题，是世界水电发展过程中具有里程碑意义的水电工程。

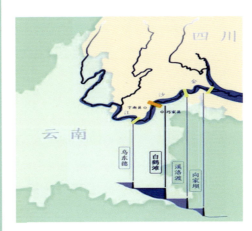

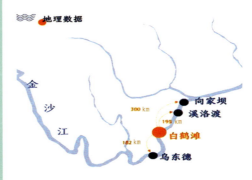

**地理数据**

## 装机规模

左、右岸各布置8台100万kW水轮发电机组

为当前**世界上单机容量最大的水轮发电机组**

### 水库库容

总库容**206.27亿m³**

相当于洞庭湖总容积

防洪库容**75亿m³**
金沙江下游4个水电梯级中防洪库容最大
相当于三峡工程防洪库容的1/3

### 拦河拱坝

拱坝最大坝高**289m**

相当于**100层楼高**
注：《住宅设计规范》规定普通住宅层高宜为2.80m

坝顶弧长**709m**
坝体浇筑混凝土约810万m³

### 泄洪能力

泄水建筑物由坝身6个泄洪表孔和7个泄洪深孔、左岸3条无压泄洪直洞组成，最大总泄量42 348m³/s，居中国第三

6min最大泄量相当于**1个西湖**的库容量

### 地下洞室群

地下洞室总里程**217km**

相当于**北京到天津距离的1.7倍**

主厂房尺寸长438m
顶拱跨度34m、高88.7m
为世界已建跨度最大地下厂房
面积相当于**35个标准篮球场**

8个圆筒式尾水调压室直径43～48m
直墙高度57.93～93m
是世界已建跨度最大调压室

### 建筑物抗震

白鹤滩水电站工程挡水建筑物抗震设防类别为甲类，300m级高拱坝设计地震设防标准最高

白鹤滩水电站地下工程规模巨大，地下洞室的开挖量达到 2500 万 $m^3$，相当于 10 000 个标准泳池的体积，长度达到 217km。机组厂房建在地下，厂房、输水系统、泄洪系统、交通网络等在金沙江两岸的大山内部纵横交错。其中，4 个地下工程为水电站建设史上的世界第一：单机容量 100 万 kW 居世界第一；圆筒式尾水调压井规模居世界第一；地下洞室群规模居世界第一；无压泄洪洞群规模居世界第一。

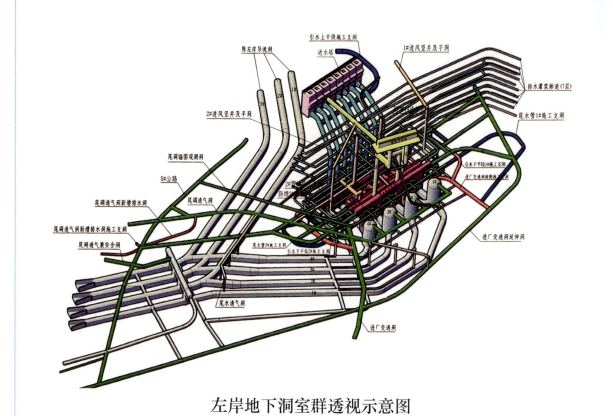

左岸地下洞室群透视示意图

1. 主副厂房洞
2. 主变洞
3. 母线洞
4. 尾水管检修闸门室
5. 进水交通洞
6. 进水交通洞延伸洞
7. 进厂交通洞南侧支洞
8. 通风兼安全洞
9. 厂顶北侧交通洞
10. 主变顶北侧交通洞
11. 尾水管检修闸门室北侧交通洞
12. 厂顶南侧交通洞
13. 主变顶南侧交通洞
14. 尾水管检修闸门室南侧交通洞

15. 右岸1#进风洞
16. 右岸2#进风洞
17. 右岸1#排风洞
18. 右岸2#排风洞
19. 右岸1#出线洞
20. 右岸2#出线洞
21. 右岸出线交通洞
22. 上坝交通联系洞
23. 尾调上室
24. 尾调通气洞
25. 灌浆、排水廊道
26. 尾水隧洞检修闸门室
27. 尾水隧洞检修闸门室交通洞
28. 尾水隧洞检修闸门室排风洞

Y1-Y8. 右岸1#-8# 引水隧洞
T1-T4. 右岸1#-4# 尾调室
W1-W4. 右岸1#-4# 尾水隧洞
D4-D5. 4#-5# 导流洞

右岸地下洞室群透视示意图

# 目　录

# 十四、 岩体灌浆

　　白鹤滩水电站采用固结灌浆施工工艺，将水泥或以水泥为主要成分的浆液灌入岩体缝隙或破碎带中，使得岩体既不会渗水又有一定强度，从而提高岩体的整体性和抗变形能力，这是一项为大坝安全运行提供基础保障的重要措施。

　　白鹤滩水电站基础帷幕廊道是大坝坝基防渗处理的关键部位。基础帷幕廊道位于大坝高程558m处，其中，左、右岸坝基帷幕灌浆平洞分别由6层平洞组成，平洞高差30～60m。基础帷幕廊道的净宽和净高为4m和4.5m，布置3排帷幕灌浆孔，基础帷幕廊道灌浆设计工程量长度28 180m，最大灌浆孔孔深120m。

　　固结灌浆施工阶段首次采用智能灌浆系统，实现灌浆操作的智能化和规范化。智能灌浆系统集智能压力控制、无级配浆、灌浆工艺控制和灌浆成果分析与处理等功能于一体，可有效地减少人为操作不当的问题，具有提高灌浆效率和保证灌浆质量的作用。

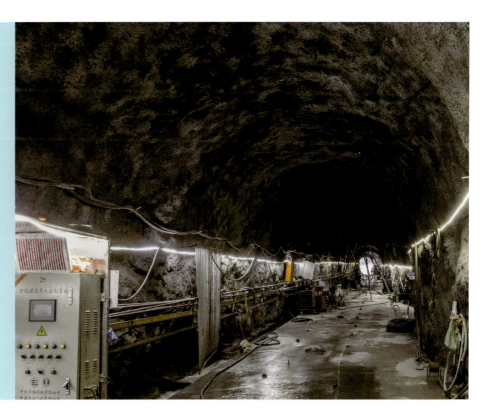

岩体灌浆控制系统示意图

2021-05-30

灌浆隧道施工 2019-04-09

左岸帷幕钻孔灌浆 2019-04-13

右岸帷幕钻孔灌浆

2021-05-30

# 十五、世界最大无压泄洪洞群

　　泄洪洞是水利枢纽工程的主体建筑物之一。白鹤滩水电站在左岸山体侧并排布置3条无压泄洪洞，是目前世界上最大的无压泄洪洞群。每条泄洪洞由进水塔(进口闸门段)、无压洞身段（上平段及龙落尾）和出口挑流鼻坎组成，具有流速高、流量大、体型复杂等特点。相邻泄洪洞两洞轴线间距51m，洞身断面为城门洞形，断面的宽和高为15m和18m。泄洪洞分为上平段和龙落尾段，3条隧洞长度分别为2317.0m、2258.5m和2170.0m。其中，上平段1号洞长1908m、2号洞长1845m、3号洞长1709m；龙落尾段1号洞长409m、2号洞长413m、3号洞长460m。泄洪洞单洞设计泄洪量达4100m³/s，设计流速最高达50m/s。3条泄洪洞最大泄水量约1.23万m³/s，单侧泄水量为世界第一，以这个速度只需18min就能灌满整个杭州西湖。

　　2020年12月19日，中国水利水电第五工程局有限公司承建的白鹤滩泄洪洞主体工程完工。泄洪洞首次实现全过流面浇筑低坍落度混凝土，并使用基于薄壁结构衬砌混凝土的智能温控技术，解决了衬砌混凝土"无衬不裂"的世界难题。"施工缝无缝衔接工艺"等一系列创新工艺彻底解决了衬砌混凝土施工质量的"顽疾"，达到了"镜面混凝土"高质量目标，是行业内首次实现水工隧洞衬砌混凝土的无缺陷建造。

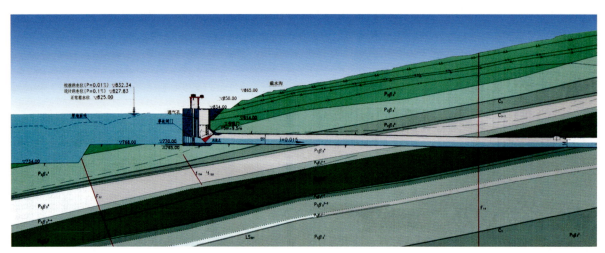

泄洪洞进水部分典型剖面示意图

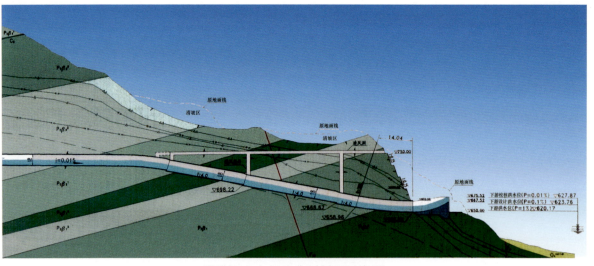

泄洪洞出水部分典型剖面示意图

# 泄洪洞工程图

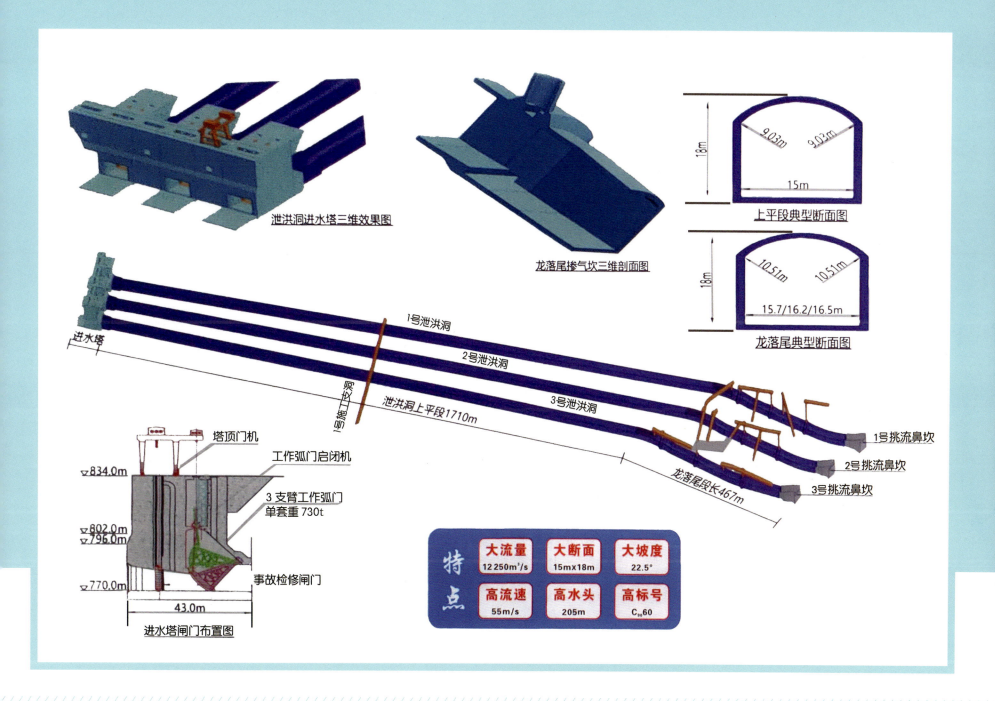

泄洪洞进水塔三维效果图

龙落尾掺气坎三维剖面图

上平段典型断面图

龙落尾典型断面图

进水塔

1号泄洪洞

2号泄洪洞

3号泄洪洞

泄洪洞上平段1710m

1号施工支洞

龙落尾段长467m

1号挑流鼻坎

2号挑流鼻坎

3号挑流鼻坎

塔顶门机

工作弧门启闭机

3 支臂工作弧门
单套重 730t

事故检修闸门

进水塔闸门布置图

9.03m 9.03m
18m
15m

10.51m 10.51m
18m
15.7/16.2/16.5m

▽834.0m
▽802.0m
▽796.0m
▽770.0m
43.0m

| 特点 | | | |
|---|---|---|---|
| 大流量 12 250m³/s | 大断面 15m×18m | 大坡度 22.5° | |
| 高流速 55m/s | 高水头 205m | 高标号 $C_{90}60$ | |

## 泄洪洞上平段施工

铺设底板钢筋 2013-09-06

焊接底板钢筋骨架 2013-09-06

焊装台车 2013-09-05

输送混凝土 2013-09-06

钢模台车上安装的泄洪洞护衬钢筋骨架

2013-09-06

221

锚固钻孔 2015-11-21

锚固拱顶钻孔 2015-11-21

精准操作 2015-11-21

泄洪洞口 2015-11-21

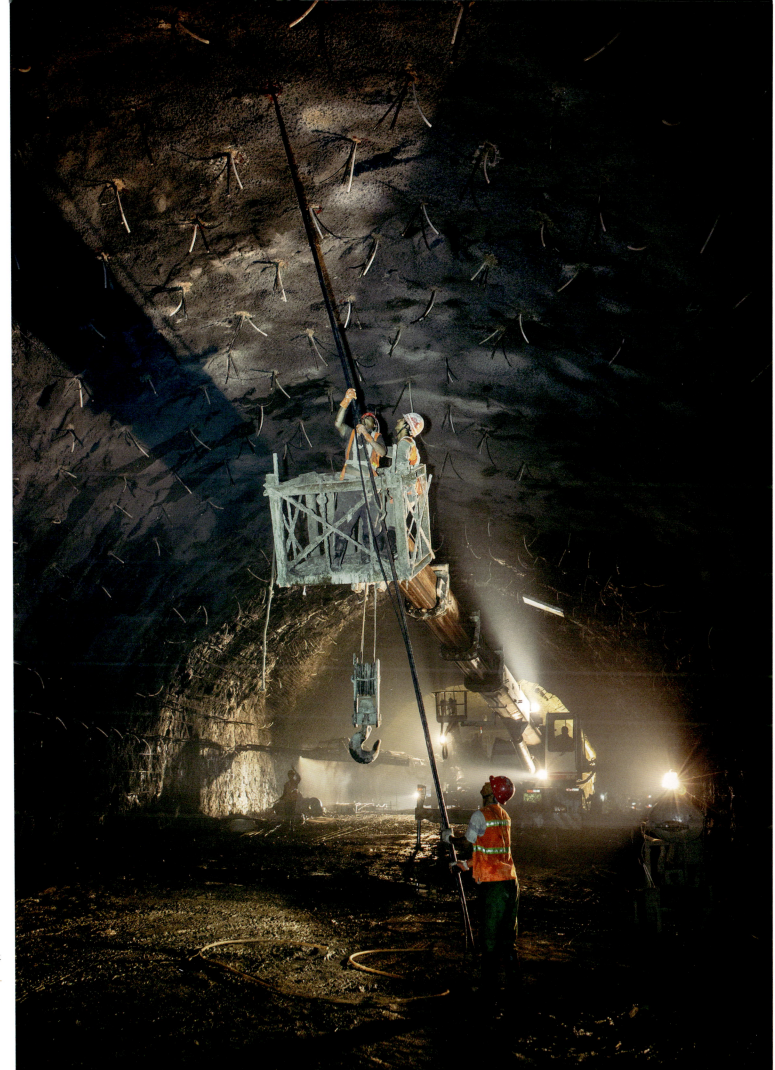

深插锚杆

2015-11-21

钻孔备锚 2017-04-01

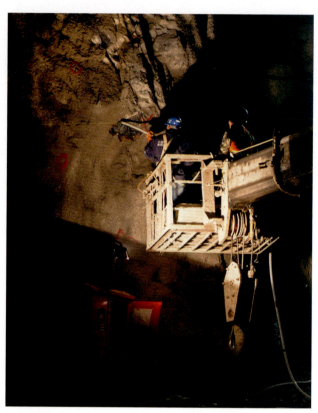

插试锚洞 2017-04-01

## 锚杆固岩

深插锚杆

2017-04-01

# 固壁绑扎

2017-04-01

正在浇筑底板的泄洪洞

2017-10-27

规整的拱顶钢筋骨架                                                        2017-10-24

两壁浇筑成墙                                                              2017-10-24

# 喷水养护

2017-10-27

泄洪洞护衬墙钢筋骨架

2018-03-26

2019-04-04

2019-04-04

2018-10-14

已经锚固岩壁的泄洪洞      2018-03-26

钻孔备插钢筋      2018-03-26

焊固钢筋      2018-03-26

灌浆钻孔      2018-03-26

拱顶钢筋骨架 2018-03-26

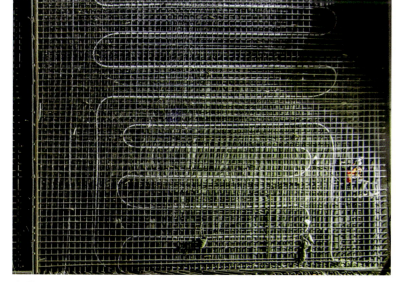

安装通水管 2018-03-26

护衬墙钢筋骨架 2018-03-26

洞口施工脚手架　　　　　　　　　　　2018-10-20

洞顶焊接钢筋骨架　　　　　　　　　　2018-10-14

整理现场施工资料　　　2018-10-14　　灌浆钻孔（一）　　　　　　2018-10-14　　灌浆钻孔（二）　　　　　　2018-10-14

洞顶绑扎钢筋　　　　　　　　　　　　　　2018-10-14

完成洞壁浇筑　　　　　　　　　　　　　　2018-10-14

洞底边沿箍筋　　　　　　　　　　　　　　2018-10-14

## 龙落尾段

龙落尾段是关系整个泄洪洞工程质量的关键部位，也是施工难度最大的部位。其体型复杂，最大坡度达23°。为解决这个技术难题，科研人员研制了大坡度重载自动化运料系统和大坡度曲面底板常态混凝土成套施工装备，与之前已研制成功并投入使用的高边墙低坍落度上料系统和水平旋转布料系统共同构成巨型泄洪洞全过流面低坍落度混凝土施工系列化装备，为我国水电工程装备带来重大革新。这些装备既可保证浇筑镜面混凝土高质量完成，又可提高施工效率。

2018年11月，龙落尾段边墙浇筑工作正式启动。2020年11月9日，随着3号泄洪洞龙落尾段底板浇筑完成，泄洪洞工程龙落尾段顺利完工，施工效果达到了预期的"镜面混凝土"目标。

龙落尾段部分施工场景          2019-04-04

龙落尾段测量

2019-04-04

龙落尾段校准测量 2019-04-04

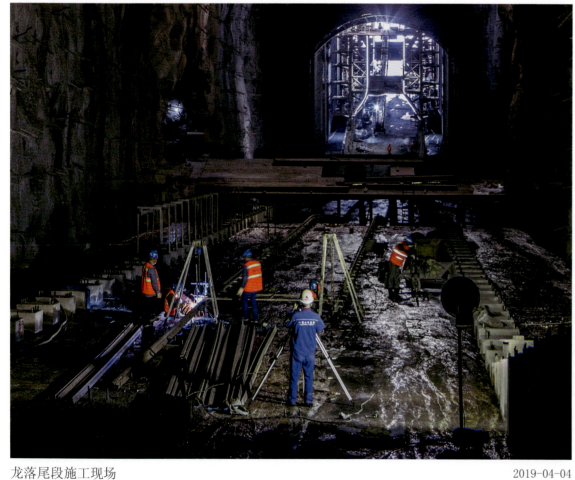

龙落尾段施工现场 2019-04-04

双层钢筋结构 2019-04-04

沿壁护衬墙底钢筋 2019-04-04

钢模台车向龙落尾段延伸 2019-04-04

## 龙落尾段底板"镜面混凝土"施工

2020-09-10

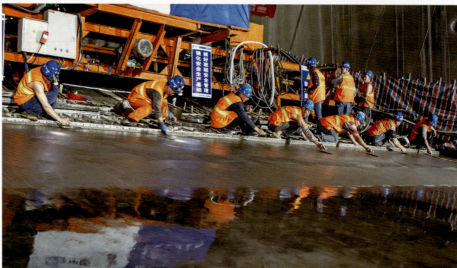

"镜面混凝土"泄洪洞                                    2020-09-05

# 地下引水发电系统

左、右岸地下引水发电系统由地下引水隧道、地下厂房、尾水调压室和尾水隧洞组成。

地下引水隧道由进口渐变段、上平段、渐缩段、上弯段、竖井段、下弯段和下平段组成。左、右岸各 8 条压力管道均按照单机单管竖井式布置，其中，上平段采用钢筋混凝土衬砌，其余采用钢衬。钢筋混凝土衬砌后洞径 11.00m，钢衬段衬砌后洞径 10.20m。压力管道长度 394.77 ~ 406.89m，其中钢衬段长 228.74m。

地下主、副厂房洞长 438.00m，高 88.70m，岩梁以下宽 31.00m，岩梁以上宽 34.00m，机组安装高程 570.00m。地下厂房采用一字形布置，机组间距 38.00m，机组段长 304.00m，副厂房长 32.00m。主变压器（简称主变）洞平行布置在主副厂房洞下游侧，主变洞总长 368.00m，宽 21.00m，高 39.50m。

左、右岸尾水调压室均为两机共用一室的格局，采用的是圆筒阻抗式。尾水管检修闸门室布置在主变洞与尾水调压室之间，闸门室跨度 12.10 ~ 15.00m，长 374.50m。

左、右岸尾水隧洞均为两机一洞的布置格局，4 条尾水隧洞平面上呈近平行布置，中心线间距 60m。尾水隧洞为城门洞形，采用钢筋混凝土衬砌，衬砌厚度 1.10 ~ 2.00m。

左岸靠山内侧的 1 号尾水隧洞为专用尾水隧洞，2 号、3 号、4 号尾水隧洞与 1 号、2 号、3 号导流洞结合布置。1 号尾水隧洞过水断面的宽和高分别为 14.50m 和 18.00m，2 号、3 号、4 号尾水隧洞的不结合段断面的宽和高分别为 14.50m 和 18.00m，结合段过水断面的宽和高为 17.50m 和 22.00m。尾水隧洞总长 1105.50 ~ 1695.80m。

右岸靠山内侧的 7 号、8 号尾水隧洞为专用尾水隧洞，5 号、6 号尾水隧洞与 4 号、5 号导流洞结合布置。7 号、8 号尾水隧洞过水断面的宽和高分别为 14.50m 和 18.00m，5 号、6 号尾水隧洞的不结合段断面的宽和高分别为 14.50m 和 18.00m，结合段过水断面的宽和高分别为 17.50m 和 22.00m。尾水隧洞总长 997.60 ~ 1744.90m。

左、右岸尾水出口均采用的是地下竖井式，检修闸门室通长布置，开挖跨度 9.10m（闸室）~ 15.00m（顶拱），长 250.00m，高 22.53m。尾水出口采用逆坡和平坡明渠结合的布置形式。

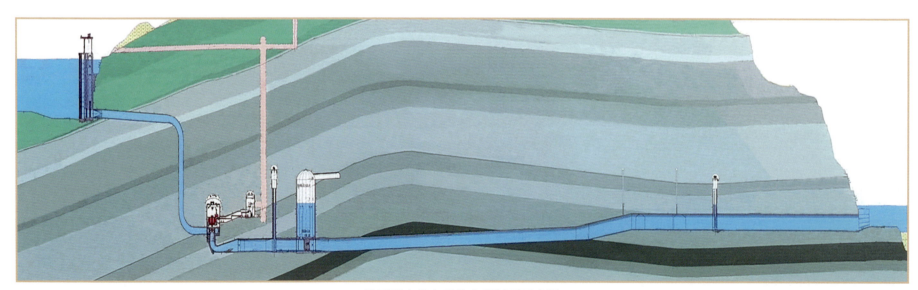

地下引水发电系统典型剖面示意图

# 十六、发电系统引水隧洞

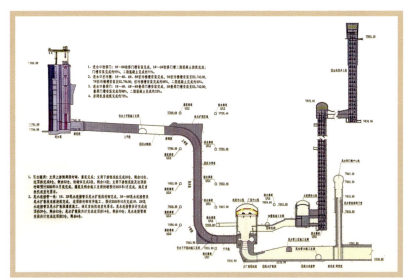

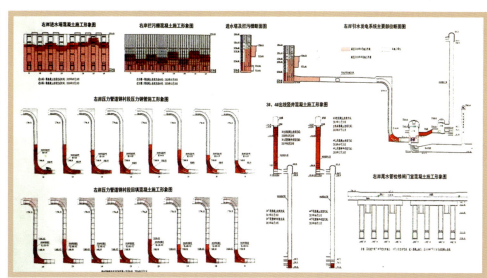

左岸引水发电系统主要部位施工形象示意图　　2020-09-05　　右岸引水发电系统主要部位施工形象示意图　　2019-04-05

压力管道是为水轮机输送水的重要通道，其通过混凝土衬砌与进水口相连，通过压力钢管将水引至蜗壳，并利用自身高度差将水的势能转化为动能，推动水轮发电机运行。

白鹤滩水电站左岸压力管道采用单洞单机竖井形式布置，共设置8条引水隧洞。从压力管道上平段末端起全部采用钢板衬砌，包括上弯段、竖井段、下弯段及下平段。1～6号引水隧洞单条压力钢管共88节，管线长度232.65m。7～8号引水隧洞单条压力钢管共89节，管线长度235.65m，8条引水压力钢管共706节，管线总长度1867.23m，管线总重量19 279.70t。压力钢管内直径8.60～10.20m，流速6.70～9.40m/s。8条压力钢管均采用垂直进厂形式，与机组蜗壳相连接。

引水压力管采用的是国产高强钢。压力管道内径大，承受的水压力高，设计最大水压力约354.00m，HD值（HD值是标志压力钢管规模及其技术难度的重要特征值）最大达3611.00m²，为超大型压力钢管。压力钢管材质为Q345R低合金钢、600MPa级及800MPa级高强钢。1～13号管节材质为800MPa级高强钢，板厚52.00～68.00mm；14～19号管节材质为600MPa级高强钢，板厚32.00～48.00mm；20～27号管节材质为Q345R低合金钢，板厚24.00～36.00mm。为了保证压力钢管的抗外压稳定性和安全性，钢管全长均设置加劲环，材质为Q345R，加劲环间距1.00～1.50m，板厚24.00～28.00mm，高度200.00mm（首节阻水环高度300.00mm）。压力钢管制造分节长度1.24～3.00m，管节最大内直径10.20m。

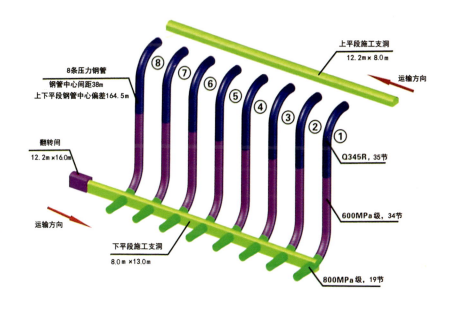

左岸压力管道安装图

# （一）左岸引水隧洞

钻掘洞基

2015-11-21

2017-04-02

2017-04-02

## 引水渐变段搭建脚手架

2017-10-31

引水洞口渐变段与施工支洞

2018-03-27

2017-10-31

引水洞口渐变段测量                                                                        2017-10-31

引水洞口渐变段钻石清基          2017-10-31     上平段测量                                                    2017-10-31

引水洞洞角清基 2020-09-14

引水洞洞边焊接钢筋 2020-09-14

渐缩段洞顶焊接 2020-09-14

搭建浇筑模板 2020-09-14

拆卸引水洞口渐变段脚手架　　　　　　　　　　　2017-10-31

碎石清基　　　　　　　　　　　　　　　　　　　2020-09-14

就地加工钢材　　　　　　　　　　　　　　　　　2020-09-14

引水洞口浇筑完成　　　　　　　　　　　　　　　2017-10-31

喷水养护

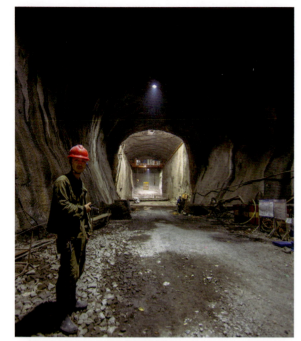

延伸到竖井的上平段隧洞　　　　　　　2017-04-02

现场核查　　　　　　　　　　　　　　2017-10-31

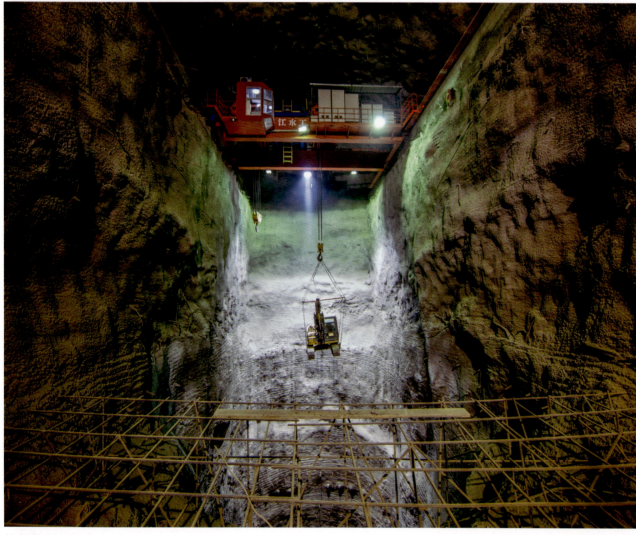

挖掘机吊入竖井　　　　　　　　　　　　　　　　　　2017-04-02

正向下挖掘的竖井
2017-04-02

# 将压力钢管运入上平段

2019-04-10

白鹤滩水电站左岸安装压力钢管706节，管线总长度约3.2km，首节和末节压力钢管安装高差达164.5m，入口直径10.2m，出口直径8.6m，板厚24～68mm，单节重量最重约45.0t，安装总重量19 279.7t。

首节压力钢管于2017年11月30日开始安装，2020年11月9日全部安装并验收完成，历时940天。

待安装的压力钢管　　　　　　　　　　　　　2019-04-10　　　　　　　　　打磨压力钢管　　　　　　2018-10-20

# 分节吊装
## 引水隧洞竖井压力钢管

2018-10-20

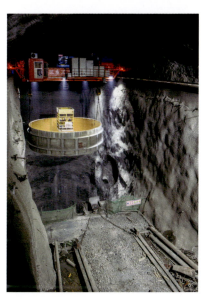

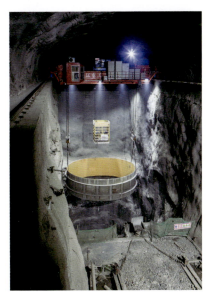

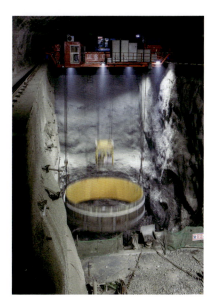

压力钢管已安装到上弯段                                        2017-09-17

焊接压力钢管接缝

2017-09-17

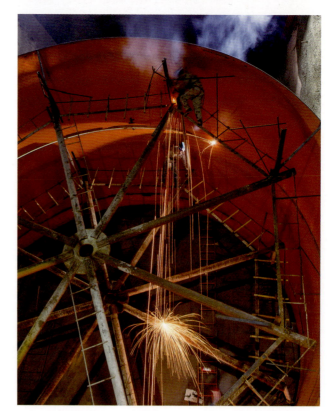

焊接上弯段压力钢管接缝

2017-09-17

在下平段隧道开班前会

2017-10-26

核对测量数据 2017-10-26

## 渐缩段拱顶绑扎钢筋

2017-10-26

2017-11-04

## 引水隧洞
## 下弯段

2017-11-04

引水隧洞下弯段挖掘施工

2017-11-04

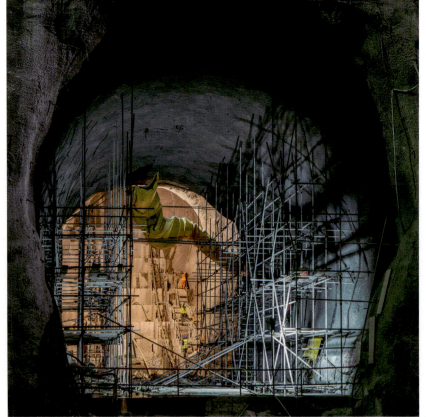

下弯段与下平段施工

2017-11-04

下弯段安装
压力钢管

2018-03-24

2018-03-23

2018-10-12

2018-10-12

# 将压力钢管运入下平段

2018-03-24

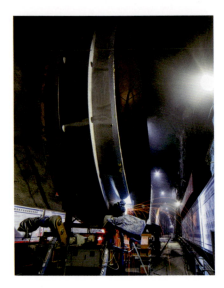

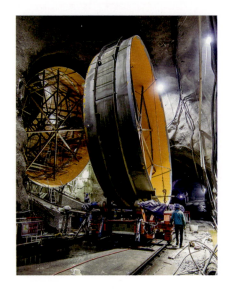

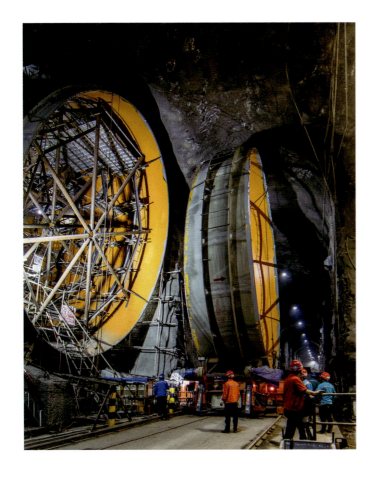

下弯段吊装压力钢管精准对位      2018-03-24

 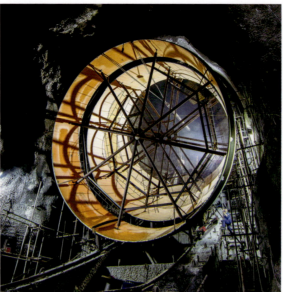 

对位安装　　　　　　　　　　　　　　　　　　　　　　　　　　　　2018-03-23

单节钢管安装到位　　　　　　　　　　　　　　　　　　　　　　　2018-03-24

近看焊接压力钢管接缝

运装下平段压力钢管 2018-10-12

## 下平段压力钢管

对接下平段压力钢管 2018-10-12

焊接压力钢管接缝 2018-10-12

待焊接的下平段压力钢管 2019-04-02

连接蜗壳的下平段压力钢管       2018-10-12

下弯段与下平段衔接处安装压力钢管

# （二）右岸引水隧洞

引水口渐变段与上平段                                               2017-11-04

正在施工的引水洞口渐变段 2017-11-04

安装液压伸缩万向移动衬砌台车 2017-11-04

引水洞口渐变段衬砌完成后拆卸施工脚手架 2017-11-04

完成衬砌的引水洞口渐变段 2018-10-19

# 绑扎上平段护衬钢筋骨架

2018-10-19

施工前布置任务                    2018-10-19

拱顶钢筋                          2018-10-19

双层钢筋骨架                      2018-10-19

洞底一角                          2018-03-23

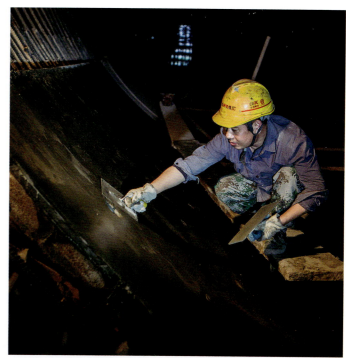

# 抹实洞底混凝土

2017-11-04

待浇筑的钢筋骨架　　　　　　　　　　　　　　　　　2017-10-19

浇筑混凝土　　　　　　　　　　　　　　　　　2020-09-15

施工支洞与下平段竖井　　　　　　　　　　　2017-11-04

竖井上段提升系统　　　　　　　　　　　2017-11-04

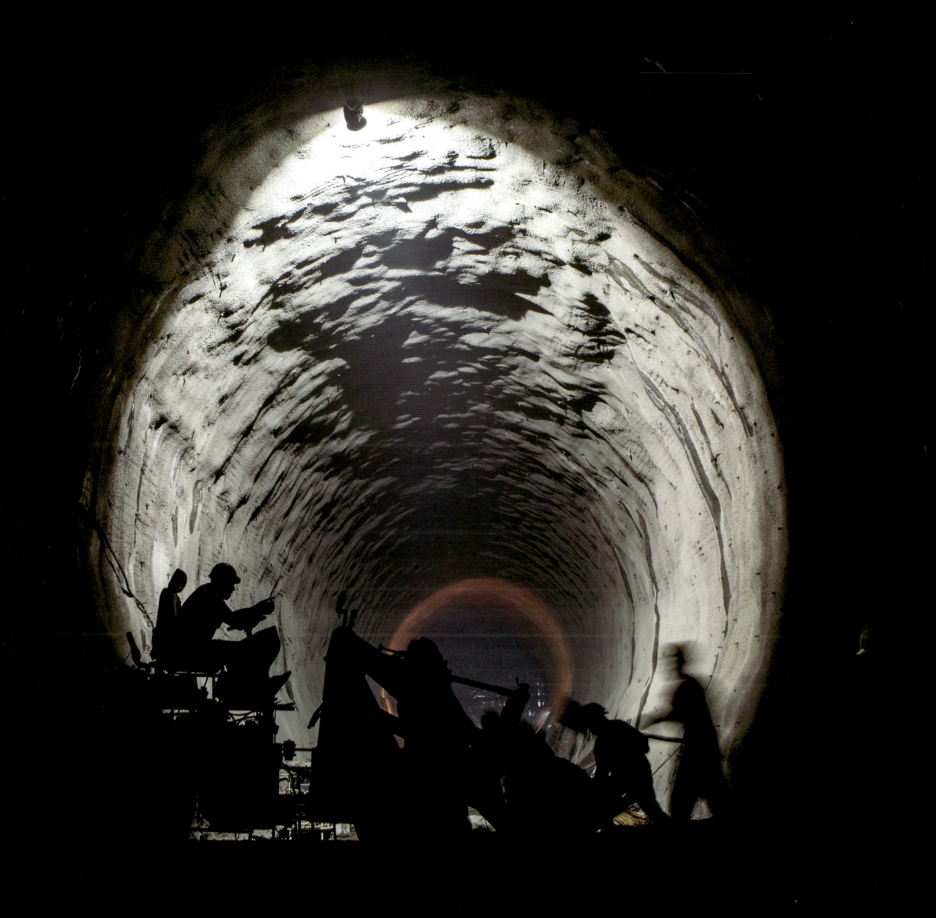

清理渣土　　　2017-11-04

水电站右岸引水隧洞压力管道自上弯段起全部采用钢板衬砌。每条引水竖井含压力钢管下弯定位段上游侧弯管10节、高度约164.5m的竖井段直管34节，压力钢管壁厚32.00~44.00mm，内直径10.2m，单节钢管最大重量约33t。8条竖井段共安装352节钢管，总重量9709.6t。

竖井吊运作业 2019-04-11

压力钢管向上延伸 2019-04-11

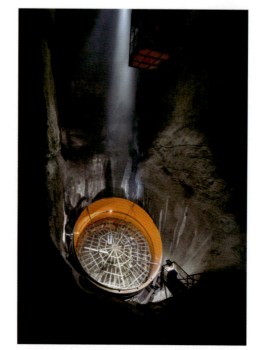

吊运单节压力钢管 2019-09-24

竖井弧光 2019-09-24

已安装到上弯段的压力钢管 2019-09-24

上弯段压力钢管      2019-09-24

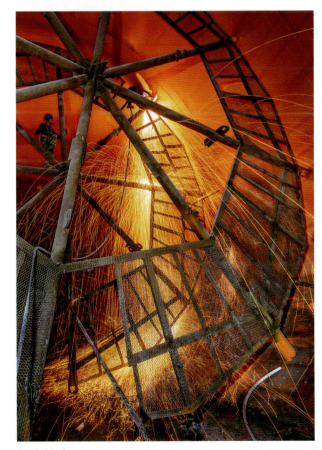

打磨缝痕      2020-09-15

上弯段压力钢管与下平段钢筋混凝土衬砌衔接      2020-09-15

挖掘下弯段隧洞

绑扎下弯段衬砌钢筋                    2017-11-04

浇筑下弯段混凝土支护                  2018-03-21

下弯段施工（一）                      2017-11-04

下弯段施工（二）                      2017-11-04

焊接下弯段压力钢管接缝　　　　　　　　　　2018-03-21

向竖井上方延伸的下弯段压力钢管　　　　　　2018-10-15

打磨焊缝　　　　　　　　　　　　　　　　　2018-10-15

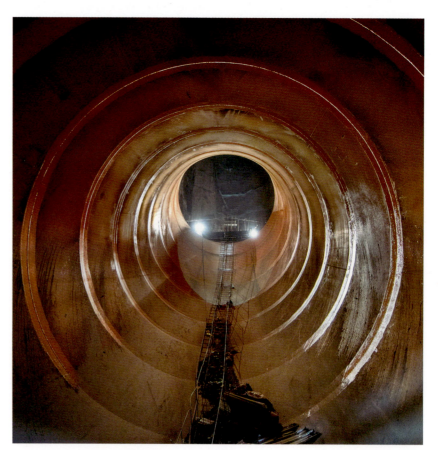

已完工的下弯段压力钢管　　　　　　　　　　2018-10-15

# 安装下平段隧洞钢管

焊接下平段压力钢管接缝　　　　　　　　　　　2018-10-15

开挖的下平段隧洞　　　　　　　　　　　　　　2017-11-07

清理渣土　　　　　　　　　　　　　　　　　　2017-11-04

下平段隧洞钢管与下弯段压力钢管　　　　　　　2018-10-15

待连接的下平段压力钢管

2018-10-15

**逐节安装下平段与
下弯段压力钢管**

将单节压力钢管运送至最后接缝处的隧道　　　　2019-04-05

振捣浇筑压力钢管的护衬混凝土　　　　2018-10-15

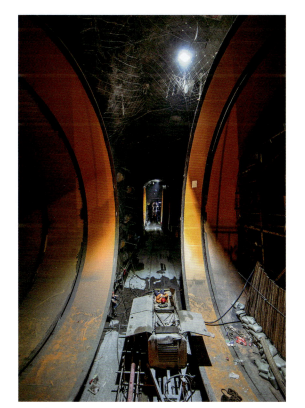

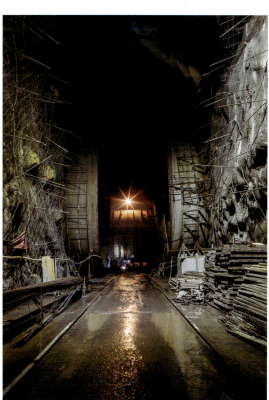

最后接缝处的压力钢管　　　2018-10-15

下平段待对接压力钢管（一）　　　2019-04-05

下平段待对接压力钢管（二）　　　2019-04-05

# 十七、发电系统尾水隧洞

## （一）左岸尾水隧洞

钻地破石（一） 2015-11-22

掘进洞基 2015-11-22

钻地破石（二）                    2015-11-22

深洞雏形                    2015-11-22

运渣出洞                    2015-11-22

搭建铜模台车                           2015-11-22

破石现场（一）              2018-10-13

挖掘机坑与尾水管连接段

2018-03-25

破石现场（二）

2018-10-13

掘进尾水隧洞

捆绑雷管引线

2018-03-25

测量孔距

2018-03-25

堵塞炸药

2018-03-25

2018-03-25

2018-03-25

## 钻孔锚固洞壁

2018-03-25

2018-03-25

## 绑扎尾水隧洞底板钢筋骨架

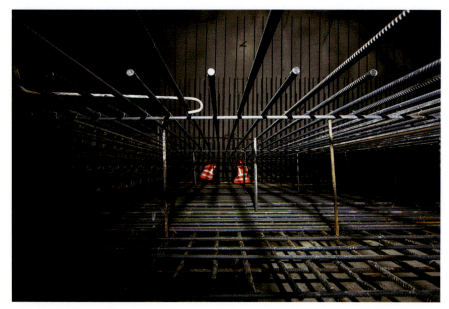

2018-03-28

2019-04-03

2018-03-28

2018-03-28

尾水隧洞底板钢筋骨架正面

尾水隧洞底板钢筋骨架侧面　　　　　　　　　　2019-04-03

安装混凝土模板　　　　　　　　2018-03-28

绑扎钢筋　　　　　　　　2018-10-13

紧固钢筋　　　　　　　　2019-04-03

定位钢筋网格绑扎点　　　　　　　　2018-10-12

抬装钢筋 2018-10-12

绑扎隧洞底板钢筋（一） 2019-04-03

绑扎隧洞底板钢筋（二） 2019-04-03

# 绑扎洞壁衬砌钢筋

吊装钢筋（一）　　　　　　　　　　　　2018-03-28

仔细绑扎钢筋　　　　　　　　　　　　2018-10-13

吊装钢筋（二）　　　　　　　　　　　　2018-10-13

操作起吊钢筋　　　　　　　　　　　　2018-03-28

搭建尾水隧洞底板钢筋骨架 　　　　　　　　2018-10-12

钻孔灌浆 　　　　　　　　2019-04-03

# 安装尾水肘管

2018-10-12

校准定位                                                                2018-10-12

厚实的底板钢筋                                                          2019-04-03

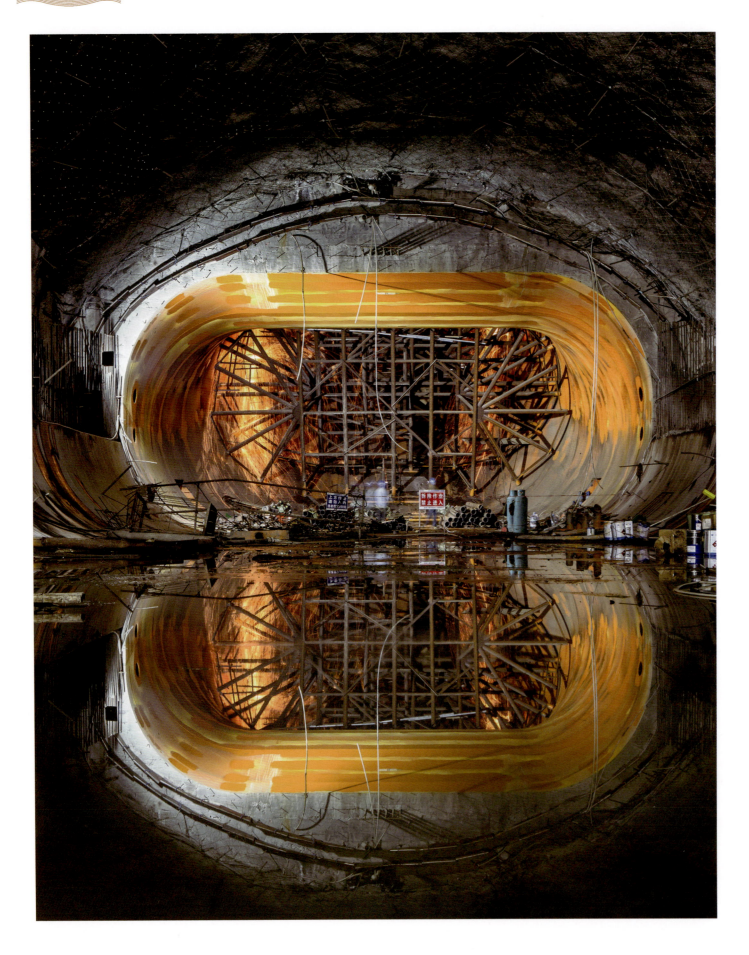

打磨尾水钢管接缝

2019-09-18

在尾水扩散段钻孔灌浆

2020-09-05

在尾水隧洞中段钻孔灌浆

2018-10-13

在钢模台车上布设钢筋（一）

2018-03-28

吊装施工脚手架

2018-03-28

钻孔固筋 2019-04-03

在钢模台车上布设钢筋（二） 2019-09-18

测量定位 2019-04-03

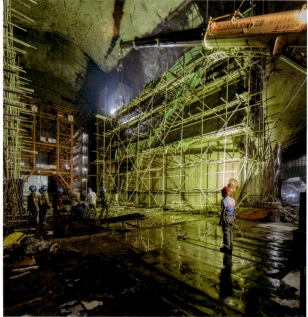

吊装钢筋现场 2019-09-18

混凝土浇筑衬壁 2020-09-05

洞顶焊花

2019-09-18

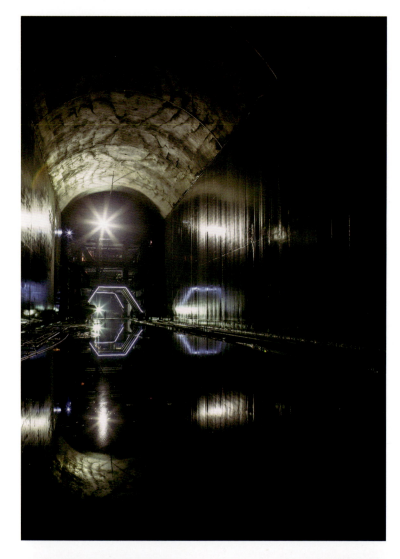

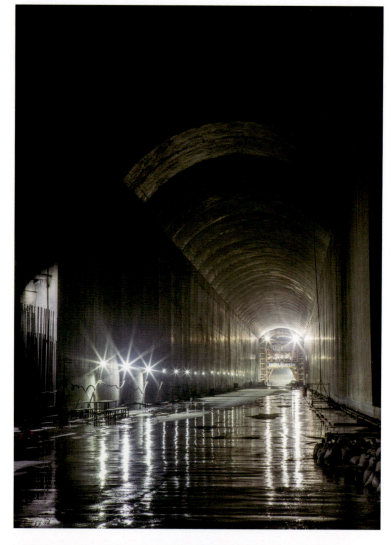

淋壁养护

2018-10-13

现场检查      2020-09-05

光洁的洞壁      2018-10-13

尾水隧洞尾部

2018-10-13

## （二）右岸尾水隧洞

洞土等待拖运          2017-10-29

在两侧绑扎钢筋          2017-10-29

测定锚固钢筋位置          2019-04-06

清除渣石          2019-04-06

起吊钢筋          2019-04-07

在钢模台车上布设钢筋（三）          2019-04-07

浇筑混凝土　　　　　　　　2021-05-20

浇筑底板（一）　　　　　　　　2019-04-06

吊卸钢筋　　　　　　　　　　2018-03-28

浇筑底板（二）　　　　　　　　2019-04-06

磨平混凝土面　　　　　　　　2018-03-28

衬砌施工脚手架

2018-03-28

即将铺设洞顶钢筋骨架 2019-04-07

深洞中的焊弧光 2017-10-29

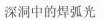工人们在洞顶进行绑扎钢筋作业 2017-10-29

抬送钢筋 2017-10-29

钢衬魅影

2017-10-29

底板双层钢筋骨架 2019-04-06

即将浇筑底板的钢筋骨架 2019-04-06

底板一角 2019-04-06

洞侧钢筋骨架　　　　　　　　2019-04-06

焊接钢筋　　　　　　　　　　2019-04-06

加装钢筋　　　　　　　　　　2019-04-06

洞侧双层钢筋骨架　　　　　　　　　　　　　　　　　　　2019-09-21

洞侧焊花　　　　　　　　　　　　架构浇筑模板（一）　　　　　2019-09-20　　架构浇筑模板（二）　　　　　2019-09-20

## 尾水中段

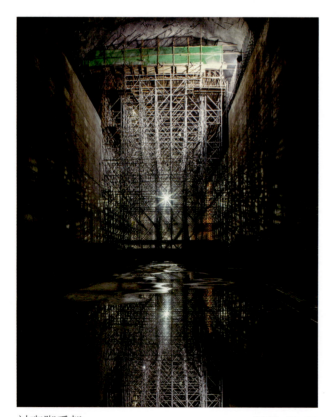

衬砌脚手架　　　　　　2020-09-06　　焊接洞顶钢筋　　　　　　2019-09-20　　浇水养护衬砌墙体　　　　　2019-09-20

**尾水上段（一）**

安装尾水肘管      2018-10-17

浇筑尾水底板      2019-04-06

单节尾水肘管      2019-04-06

# 尾水上段（二）

焊接管缝 2019-04-06

洞侧焊花 2019-04-06

底板施工 2019-04-06

安装模板 2019-04-06

精焊管道　　　　2019-04-06

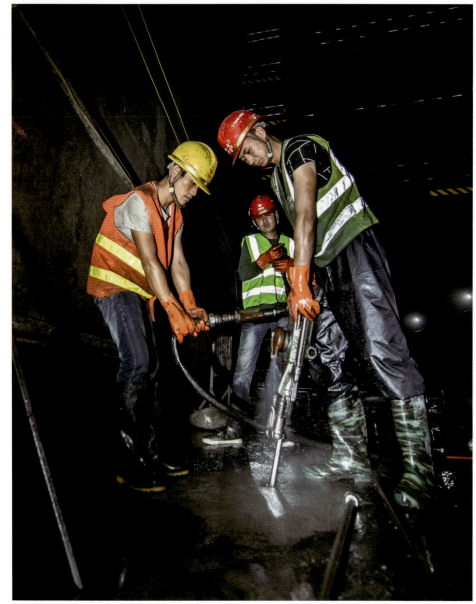

底板钻孔 2018-03-28

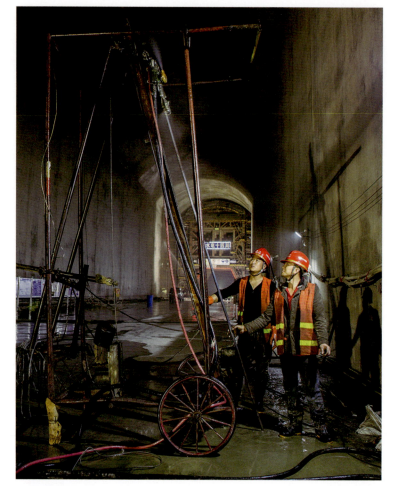

钻孔灌浆 2018-03-28

清理壁渣 2020-09-06

铲渣填缝（一）　　　　　　　　　　　　　2018-03-28

铲渣填缝（二）　　　　　　　　　　　　　2018-03-28

光洁的尾水洞衬　　　　　　　　　　　　　　　　　　　2018-03-28

# （三）尾水隧洞检修闸室

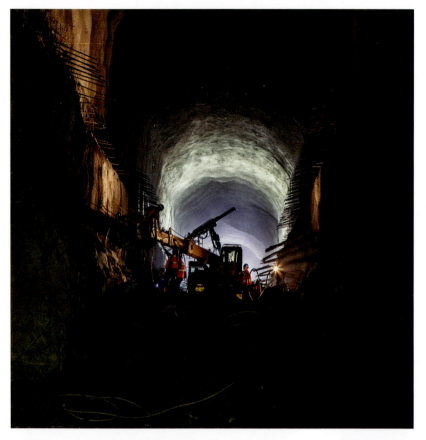

**锚固室壁**

2015-11-22

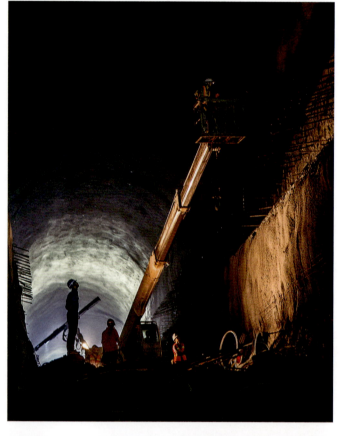

深挖闸室      2017-10-29

闸室侧面      2017-10-29

闸室逐渐成形      2018-03-22

白鹤滩水电站左、右岸尾水隧洞检修闸室位于主变洞与尾水调压室之间，与主厂房和主变洞平行。左、右岸尾水隧洞检修闸室段各布置 4 扇尾水隧洞检修闸门。检修闸室跨度 9.1 ～ 15.0m，总长 374.5m，直墙高 31.5 ～ 30.5m。

待装闸门      2021-05-20

待装闸门的闸室      2021-05-20

# 十八、世界最大圆筒式尾水调压室

尾水调压室是用于减轻尾水道中的水击压力、改善负荷变化时机组运行条件的建筑物。白鹤滩水电站左、右岸各有4个尾水调压室，都采用两机共用一室、圆筒形阻抗式的形式布置。

尾水调压室主要由井身、阻抗板和底部分岔组成，工程分为土建开挖和混凝土浇筑两个施工阶段。单个尾水调压室的开挖高度110.00～130.00m，开挖直径43.00～48.00m。室内竖井直墙开挖高度57.92～93.00m。

井身采用钢筋混凝土衬砌，竖井和室内顶拱总衬砌高度有的已超过百米。2019年4月15日，中国水利水电第十四工程局有限公司开始左岸1号尾水调压室阻抗板混凝土浇筑，用时5年将8个尾水调压室全部建成。

左岸尾水调压室三维示意图

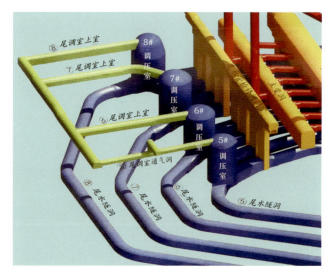
右岸尾水调压室三维示意图

深钻破石

2015-11-22

尾水调压室穹顶初现

2015-11-22

挖掘尾水调压室

2015-11-22

## 挖掘右岸尾水调压室

向下掘进调压深井 　　　　　　　　　　　　　2018-03-22

右岸尾水调压室穹顶 　　　　　　　　　　　　2018-03-22

2018-03-28

2018-10-13

挖掘左岸尾水调压室下部

2018-10-13

2018-10-13

挖掘右岸尾水调压室下部基础　　　　　　　　　　　　　　　　　2019-04-07

挖掘右岸尾水调压室基础　　　　　　2019-04-07

清理左岸尾水调压室碎石　　　　　　2019-04-03

右岸尾水调压室分岔洞形　　　　　　　　　　　　　　　　　　　2019-04-07

左岸尾水调压室分岔洞形　　　　　　　　　　　　　　　　　　　2019-04-03

## 挖掘右岸尾水调压室下部

仰望洞室顶      2019-04-07

继续挖掘      2019-04-06

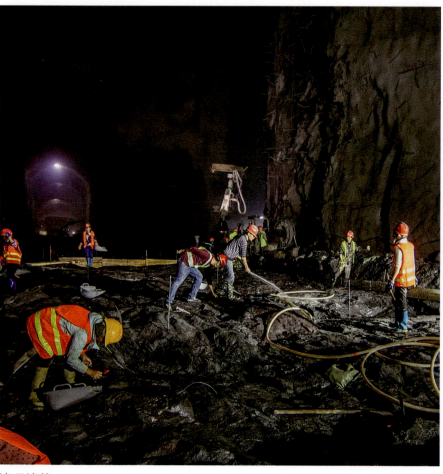

清理地基      2019-04-07

检测施工      2019-04-06

在右岸尾水调压室
绑扎底板钢筋骨架

2019-04-07

左岸尾水调压室下部
基座混凝土钢筋骨架

2018-10-13

通过钢筋网格看尾水调压室上部圆顶

2018-10-13

规整的钢筋骨架

2018-10-13

左岸尾水调压室下部安装浇筑模板 2019-04-03

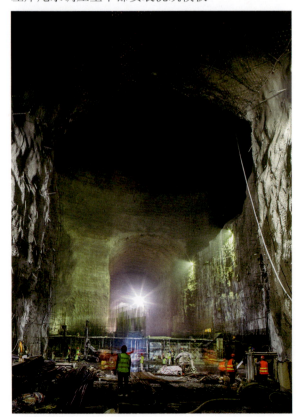

左岸尾水调压室浇筑底板 2018-10-13

左岸尾水调压室顶部 2019-04-13

锚固的右岸尾水调压室洞壁      2019-09-20

左岸尾水调压室浇筑阻抗板      2019-04-03

右岸尾水调压室浇筑阻抗板      2019-09-20

2020-09-18

—— 尾水调压室下部分岔道完成衬砌 ——

2020-09-17

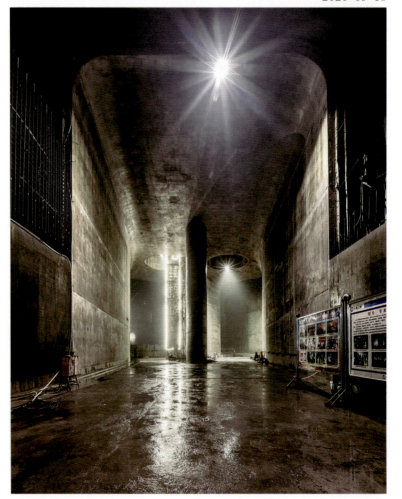

2020-09-18

分岔道一角                                                                          2020-09-06

2019-09-17

左岸尾水调压室上部

2019-09-18

尾水调压室上部衬砌支护架 2020-09-16

俯瞰尾水调压室上部衬砌 2020-09-18

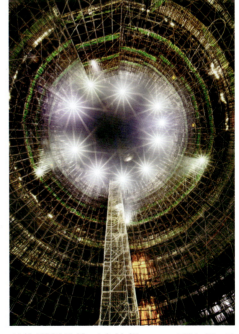

延伸到顶的施工支护架 2020-09-18

左岸尾水调压室上部深井衬砌                                        2020-09-16

支护架沿着上部衬砌延伸到穹顶

2019-09-27

已经完工的
左岸尾水调压室上部深井

2021-05-18

投入使用的左岸尾水调压室上部深井

2021-05-18

# 十九、出线井

白鹤滩水电站左、右岸各布置2条母线出线井。出线井内布置了世界上最高垂直敷设的500kV气体绝缘金属封闭管道母线（GIL），为输送超高压电能发挥了重要作用。

左岸布置有1号、2号出线井，单井上段深约127.0m，下段深约286.1m，井深开挖直径13.0m。

右岸布置有3号、4号出线井，单井上段深约310.0m，下段深约264.5m，井深开挖直径13.0m。

2018-03-29

右岸出线井上段提升系统 2017-03-28

出线井线缆地下通道 2018-03-29

**巡查右岸出线井施工质量** —— 2018-03-29

向下挖掘出线井 2018-03-29

# 二十、转轮加工

转轮是水轮发电机组的核心部件，可直接决定机组能量转化效率，被称为水轮发电机组的"心脏"，是整个机组中研发难度最大、制造过程中难题最多的部件。白鹤滩左、右岸机组转轮分别由东方电气集团东方电机有限公司和哈电集团哈尔滨电机厂有限责任公司研制。两岸转轮结构有所不同：左岸 8 台转轮由上冠、下环、泄水锥和 15 个叶片组成，转轮最大外径 8.62m，高 3.92m，单个叶片重量达 11.00t，总重量达 346.50t；右岸 8 台转轮采用长短叶片设计，每台转轮由上冠、下环、泄水锥、15 个长叶片和 15 个短叶片组成，转轮最大外径 8.87m，高 3.795m，总重量达 338.20t。

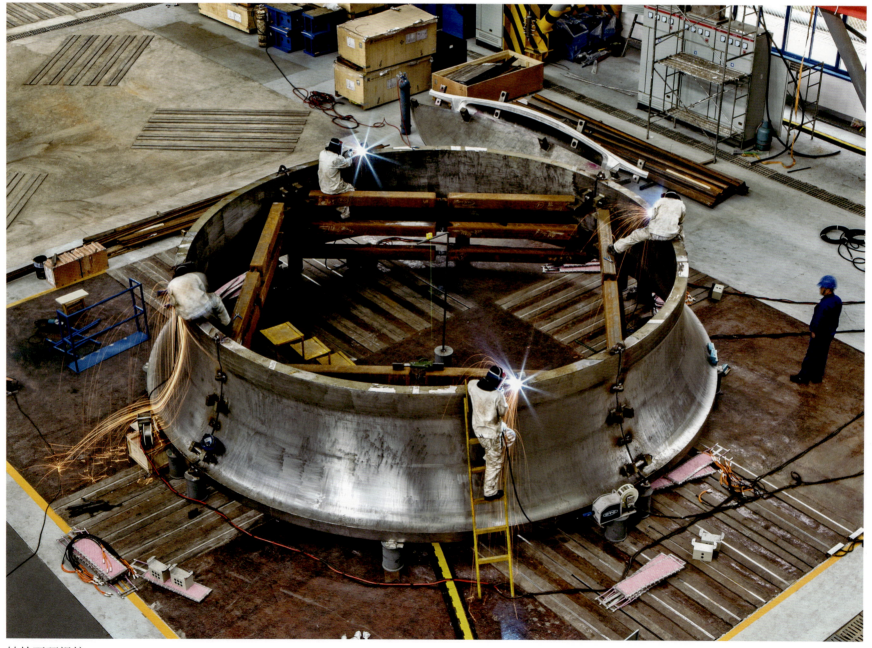

转轮下环焊接                                                                                            2018-03-27

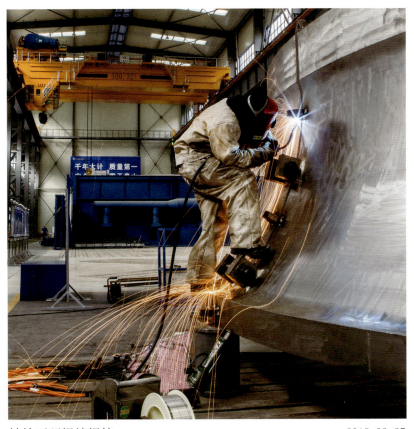

转轮下环焊缝焊接 2018-03-27

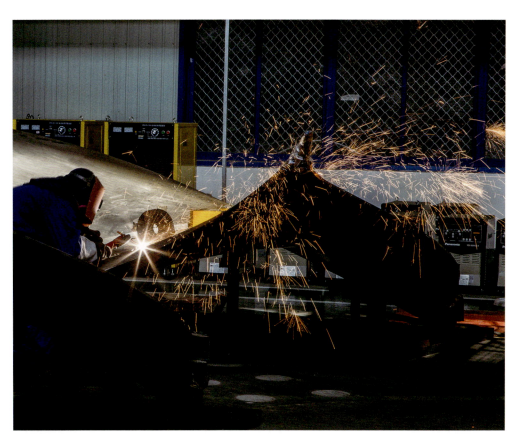

叶片打磨 2018-04-02

转轮下环组圆焊缝焊接 2018-03-27

叶片铲磨 2018-04-02

转轮上冠和下环组装　　　　　　　2018-04-02

叶片焊接　　　　　　　　　　　　2018-10-22

叶片焊接特写　　　　　　　　　　2018-10-22

转轮焊接前预热　　　　　　　　　2018-10-22

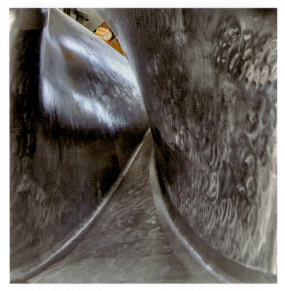

光洁的转轮流道　　　　　　　　　2019-04-12

转轮止漏环加工　　　　　　　　　2019-04-12

下机架中心体焊接　　　　　　　　2019-04-12

转轮翻身前检查

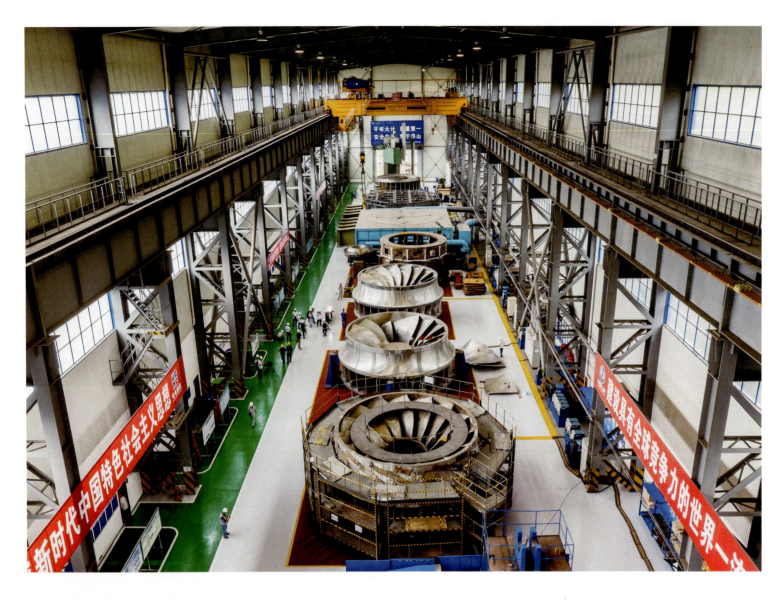

转轮生产加工场景

2020-09-10

翻身的转轮                                      2020-09-10

拆卸吊具                                        2020-09-10

俯瞰正在加工的转轮（一）                    2020-09-10

俯瞰正在加工的转轮（二）                    2020-09-10

转轮静平衡试验准备                    2020-09-10

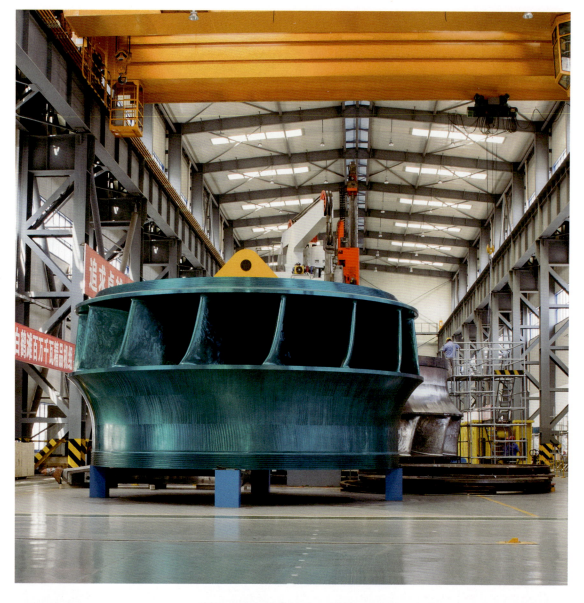

## 涂上保护膜的转轮

2019-04-12

**转轮成品**

转轮成品展示                                                                                    2020-09-17

转轮吊运出厂准备            2020-09-10        转轮吊运出厂            2020-09-10        摆放成品转轮            2020-09-17

# 二十一、左岸地下电厂

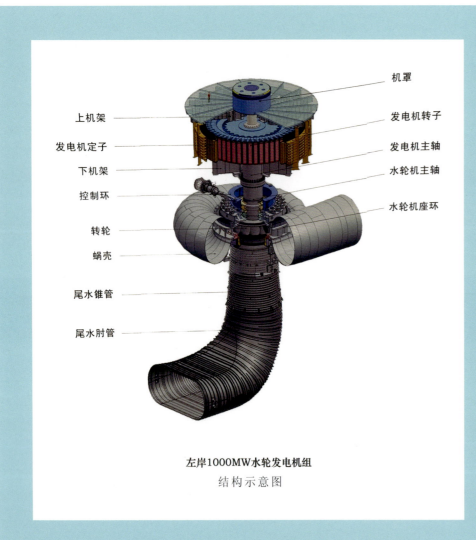

机罩

上机架

发电机定子

下机架

控制环

转轮

蜗壳

尾水锥管

尾水肘管

发电机转子

发电机主轴

水轮机主轴

水轮机座环

左岸1000MW水轮发电机组
结构示意图

制造：东方电气集团东方电机有限公司

安装：中国水利水电第四工程局有限公司

| 参数名称 | 单位 | 参数值 | 说明 |
|---|---|---|---|
| 额定功率 | MW | 1000 | 单机容量世界第一 |
| 额定电压 | kV | 24 | 水电行业最高水平 |
| 额定效率 | % | 99.01 | 水电行业最高水平 |
| 最大直径 | m | 22.5 | |
| 电机高度 | m | 16.2 | |
| 电机总重 | t | 大于4000 | 超过三峡发电机 |

■ 定子
● 外径：Φ19.7m
● 总高：7.3m
● 重达1100t
● 定子高效散热创新技术
● 全新24kV定子绕组绝缘体系
● 首次在水轮发电机中应用定子端部全三维仿真计算手段

■ 转子
● 外径：Φ16.2m
● 总高：12.5m
● 转动部分重达2150t
● 新型低损耗转子支架
● 首次在水轮发电机中应用750MPa等级高强度磁轭钢板
● 磁极内外分区高效冷却技术

● 发电机整体为立轴半伞式布置
● 推力轴承位于转子下方，与下导轴承合用油槽
● 定子、转子高效冷却技术，冷却风量利用率更高
● 低油位喷淋式轴承润滑冷却技术，轴承性能更优、冷却效果更好、轴承损耗更低
● 工业美学外罩设计，兼顾功能性与美观性

水轮发电机基础参数示意图

| 参数名称 | 单位 | 白鹤滩参数 |
|---|---|---|
| 额定出力 | MW | 1015 |
| 额定水头 | m | 202 |
| 最大水头 | m | 243.1 |
| 最小水头 | m | 163.9 |
| 升压水头 | m | 354 |
| 额定转速 | r/min | 111.1 |
| 额定流量 | m³/s | 545.49 |
| 转轮直径 | m | 8.47 |
| 蜗壳直径 | m | 8.6 |
| 水机总重 | t（吨） | 3620 |

■ 转轮
● 全新开发的转轮
● 水力性能世界领先
● 严格的材料及性能指标要求
● 全方位应用转轮防裂纹技术
● 特色的长泄水锥结构
● 低应力设计
● 精确避振分析
● 严苛的静平衡考核要求
● 直径8.47m，重量达352t

■ 顶盖
● 承受达12500t的水压力（三峡约6500t、溪洛渡约9000t）
● 厚重、低应力顶盖设计
● 关键部位（导叶端面密封处）最大变形小至0.5mm，与溪洛渡相当
● 与座环通过高强度螺栓可靠连接
● 高强度钢板焊接而成
● 严格的材料和制造工艺控制
● 直径11.66m，重达370t

■ 蜗壳座环
● 承受最大354m水压
● 蜗壳进口直径8.6m，采用800MPa等级高强度低裂纹敏感性钢板
● 蜗壳钢板最厚达83mm
● 座环及固定导叶均采用高强度钢板
● 优化的座环结构和固定导叶翼型
● 蜗壳座环总重量达1230t

水轮机基础参数示意图

查看洞壁 2017-03-31

底板钢筋绑扎测量校准 2017-03-31

加固锚杆钢筋 2017-03-31

绑扎厂壁钢筋网格

2015-11-22

备爆钻孔岩石层

2015-11-22

搭建施工排架
2017-04-01

凿洞成形的主厂房 2017-10-24

待挖掘机坑段 2017-11-04

测量定位 2017-10-24

主厂房安装场

挖掘机坑

2017-11-04

外运碎石                                    2017-11-04

焊固钢筋                                    2017-11-04

清理石渣                                    2017-11-04

待运石渣                                    2017-11-04

# 挖 掘 机 坑

冲洗主厂房廊道地基　　　　　2018-03-27

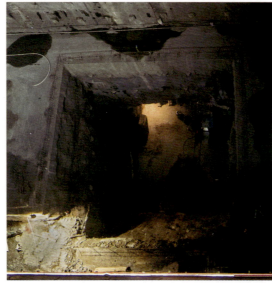

完工的机坑　　　　　　　　2018-04-01

挖掘机坑底部基础　　　　　　2018-03-27

钻孔锚杆　　　　　　　　　2018-03-24

挖掘成形的机坑　　　　　　　2018-03-25

深掘成形的主厂房

2018-04-01

## 安装尾水肘管

尾水肘管为立式水轮发电机组预埋于混凝土中的第一项重要主机埋件设备。

左岸地下电厂的尾水肘管为进口圆形断面扩散渐变形式，进口内径9400mm，出口内壁尺寸15 769mm×7460mm，单台机组有14个尾水肘管管节，8台机组共有112个尾水肘管管节，总重量2690.4t。2018年6月7日至2019年6月8日，左岸地下电厂的112个尾水肘管管节历时366天全部安装完成。

吊装尾水肘管                                    2018-10-21

尾水肘管露出机窝          2018-10-12    尾水肘管周边已浇筑混凝土          2018-10-12

从机坑底部
逐步向上安装

2018-10-12

2018-10-12

2018-14-02

2018-10-21

2018-10-21

2018-10-21

2018-10-21

2018-10-21

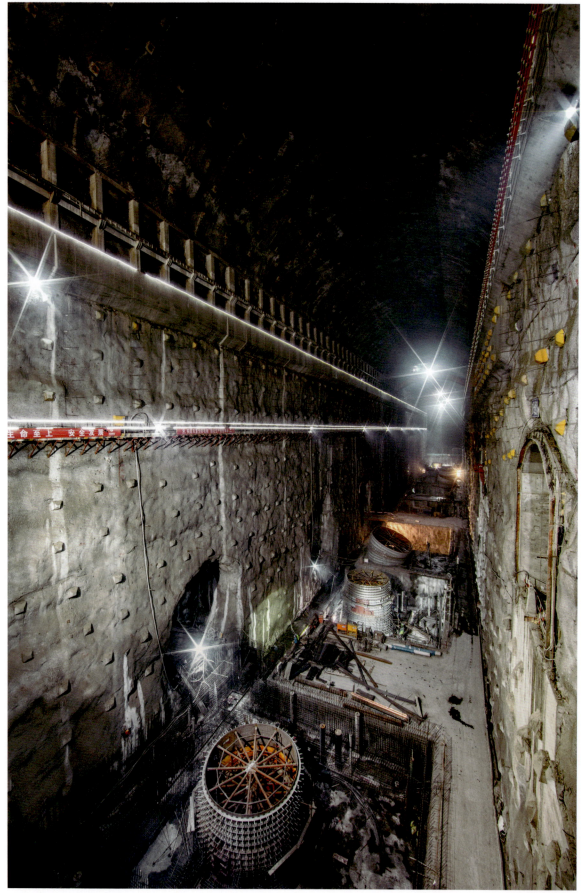

安装尾水锥管的机坑

2018-10-21

## 安装尾水锥管

尾水锥管与尾水肘管进口处运用环缝焊接的方式进行对接，以此构成发电机组排出尾水的钢管系统。

左岸地下电厂单台机组尾水锥管为5节，其中2节为不锈钢段，其余3节为碳钢段，总重量139t。

2018-10-21

2018-10-21

2018-10-21

2018-10-21

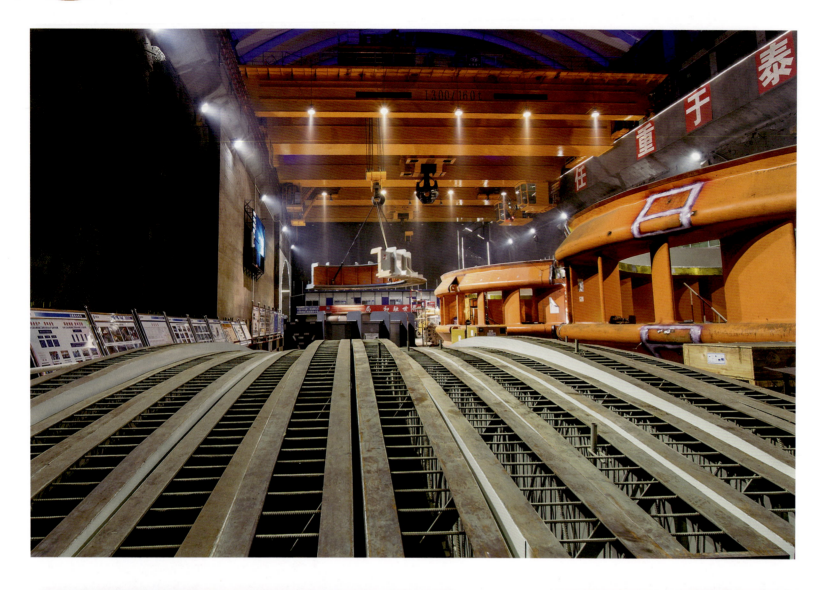

起吊座环分瓣

2019-09-17

移动并安放座环分瓣　　　　　　　　　　2019-09-17

对位座环分瓣　　　　　　　　　　2018-10-21

起吊蜗片        2019-09-25

# 吊装蜗片

移动蜗片至前方        2019-09-25

吊运蜗片至机位        2019-04-02

蜗片嵌入座环        2019-09-25

焊接蜗壳接缝

2019-09-25

焊接组装的部分蜗壳接片                                         2019-09-25

2019-04-02

2019-09-17

2019-04-02

2019-04-02

2019-09-17

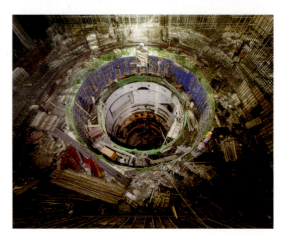

2019-09-17

基座→座环→蜗壳→机窝

待封装蜗片的蜗壳（一）　　　　2019-09-17

待封装蜗片的蜗壳（二）　　　　2019-09-17

机窝钢筋骨架一角                                    2019-04-02

浇筑辅厂混凝土支架                                  2019-04-02

绑扎浇筑机窝的钢筋骨架（一）                          2019-09-17

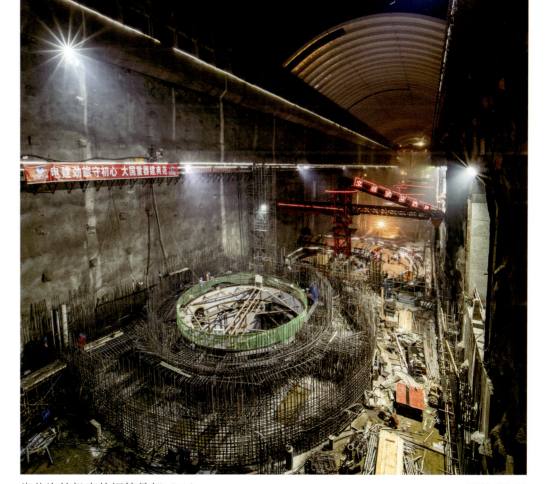

绑扎浇筑机窝的钢筋骨架（二）                          2019-09-17

机坑上风洞混凝土浇筑　　　　　　　　　　　　　　　　　　　　　2020-09-12

定子铁芯防护罩棚

2020-09-12

定子机座上环板焊接打磨 2020-09-05

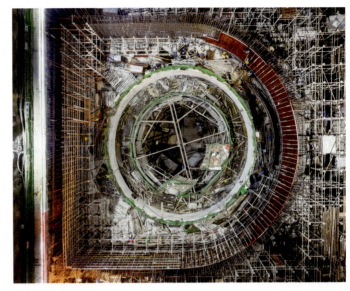

待浇筑的机窝 2020-09-12

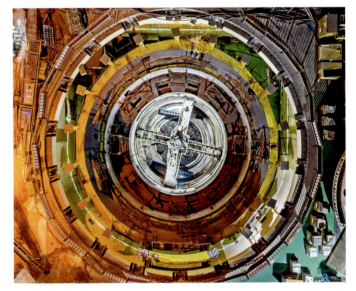

浇筑成形的机窝 2020-09-12

副底环平面密封加工 2020-09-05

转子中心体引线安装 2021-10-16

即将进入机组安装阶段的机窝 2020-09-12

正在组装的转子　　　　　　　2021-05-28

进入机组安装阶段的地下厂房　　　　　　2021-05-28

清洗水轮机轴　　　　　　　　2021-05-19

转子磁轭叠装　　　　　　2021-05-18

转子磁轭下环板焊接　2021-05-19

吹洗金属粉尘　　　　　　　　2021-05-19

下机架中心体                    2020-09-12

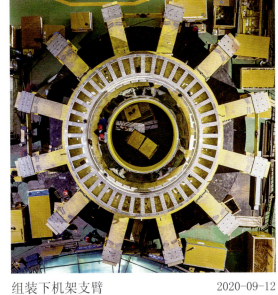

组装下机架支臂                  2020-09-12

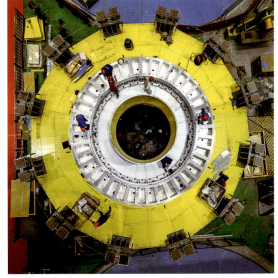

下机架                          2021-10-16

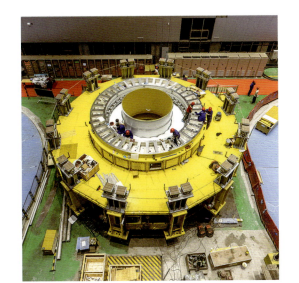

组装下机架                      2021-10-16

**现场组装**
**下机架与转子**

检测转子装配质量                2020-09-12

即将装配完工的转子              2020-09-12

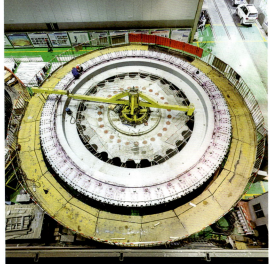

测量转子圆度                    2020-10-16

转子吊装准备                    2021-10-23

# 2号水轮发电机组

## 转轮吊装

2020-09-09

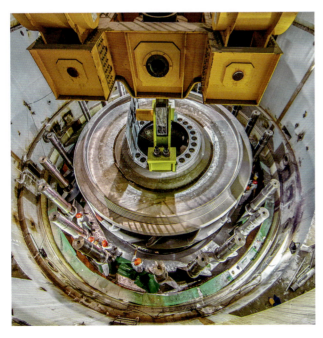
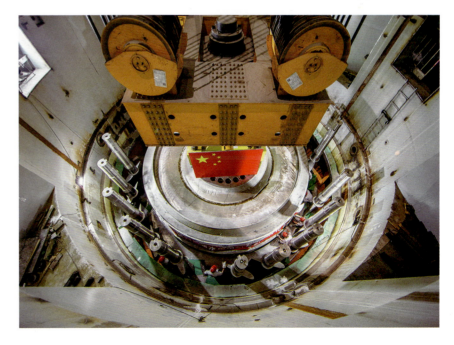

# 7 号水轮发电机组

## 转子吊装

2021-10-24

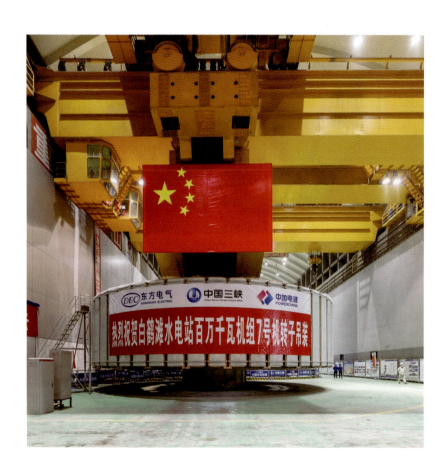

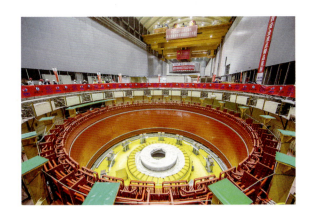

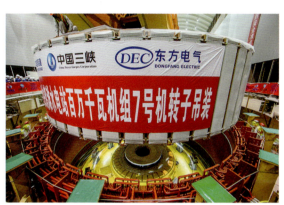

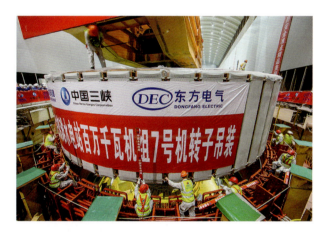

似碟而降

缓降对位                                                                                    2021-10-24

安装导水机构 　　　　　　2021-10-16

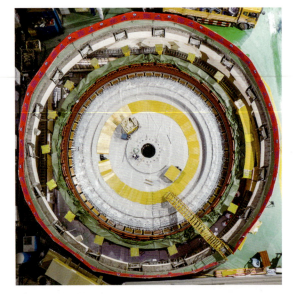
转子吊装到位 　　　　　　2021-09-12

上机架吊装完成 　　　　　　2021-10-16

转子－主轴联轴螺栓拉伸

安装主轴补气管 　　　　　　2021-10-16

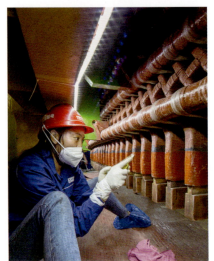
清洁定子 　　　2021-09-13

机组盘车

2021-09-13

安装水车室内导水机构　　　　　　　　　　　　　2021-05-19

安装完成的水车室全貌　　　　　　　　　　　　　2021-05-19

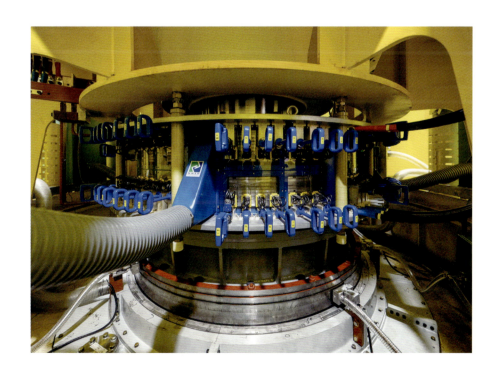

安装水轮发电机集电环　　　　　　　　　　　　　2021-05-19

水轮发电机头一侧　　　　　　　　　　　　　　　2021-10-16

支护施工　　　　　　　　　　　　2015-11-22

## 左岸地下电厂主变室

　　左、右岸地下电厂主变室各安装8台主变压器。主变压器是利用电磁感应原理把发电机组传输的低压转换成长距离运输所需的高压。白鹤滩水电站主变压器是目前水电行业容量最大的单相升压变压器。

主变室与母线洞　　　　　　　　　2017-10-26

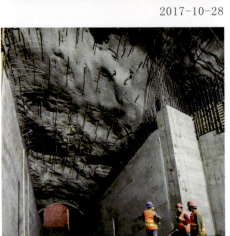

2017-10-28　　　　　　　　　　　　2017-10-28

2017-10-26　　　　　　　　　　　　2017-10-28

## 开挖成形的母线洞

2017-10-26

母线洞顶钢筋骨架　　　　　　　2018-03-27

切割钢筋　　　　　　　　　　　2019-04-02

测量对位　　　　　　　　　　　2018-03-27

搭建拱顶模板支护　　　　　　　2018-03-27

浇筑底板　　　　　　　　　　　2018-03-27

# GIS 站

GIS（Gas Insulated Switchgear）气体绝缘金属封闭开关设备指六氟化硫封闭式组合电器，可将一座变电站中的断路器、隔离开关、接地开关、电压互感器、电流互感器、避雷器、母线、电缆终端、进出线套管等经过优化设计后有机地组成一个整体，也叫高压开关装置。GIS 站的优点为占地面积小，可靠性高，安全性强，维护工作量小，其主要部件的维修间隔可达 20 年。

设备常规试验　　　　　　　　2020-09-13

运入设备　　　　　　　　　　2020-09-12

清理GIS室　　　　　　　　　2020-09-13

擦净GIS　　　　　　　　　　2020-09-13

安放GIS　　　　　　　　　　2020-09-13

母线管道

2021-05-19

安装地刀设备　　　　　2021-05-23　　母线伸缩节释放　　　　　　　　2021-05-23

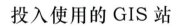

投入使用的 GIS 站

2021-05-23

## 发电试运行调试与检测

2021-05-28

2021-05-19

2021-05-19

2021-05-19

2021-05-28

2021-05-28

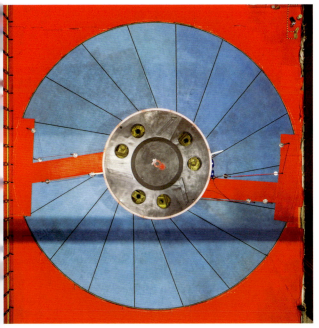

发电机机头罩俯视图           2021-10-16

待调试机组           2021-10-16

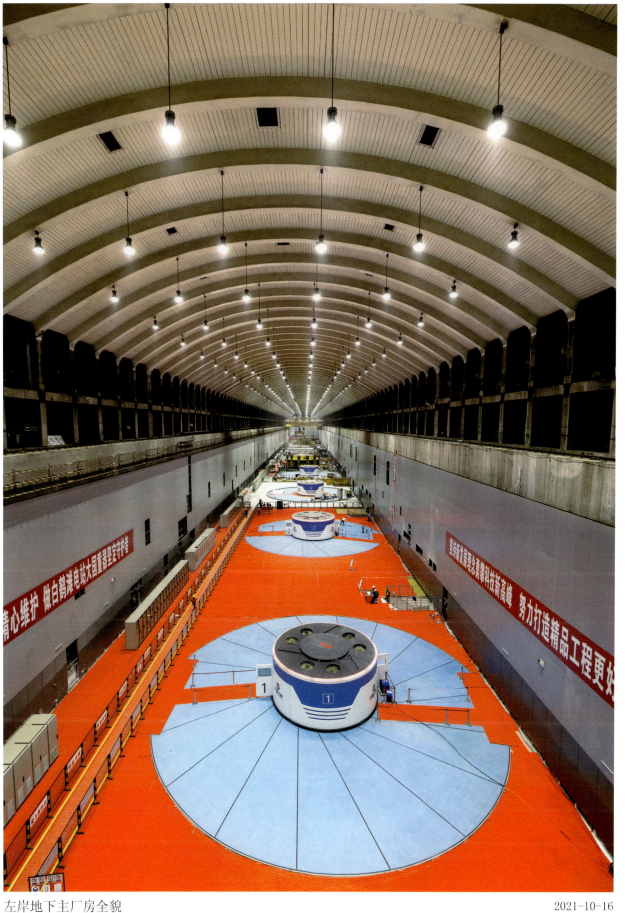

左岸地下主厂房全貌           2021-10-16

# 二十二、右岸地下电厂

## 发电机基础参数

发电机型号：SF1000-56/17800

冷却方式：全空冷

额定容量：1111MV·A

额定功率：1000MW

额定电压：24 000V

额定电流：26 729A

额定频率：50Hz

功率因数：0.9

额定效率：≥98.90%

相　　数：3相

额定转速：107.1r/min

飞逸转速：198r/min

定子槽数：696

定子绕组：条式波绕组

推力负荷：约4600t

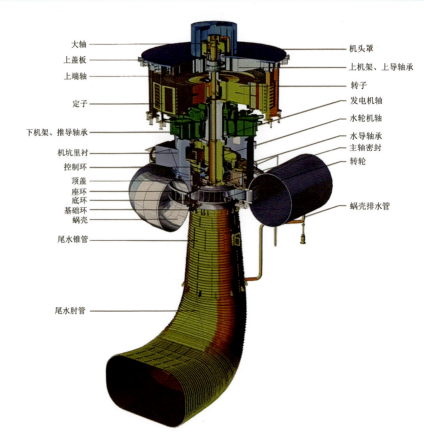

右岸1000MW水轮发电机组

结 构 示 意 图

大轴
上盖板
上端轴
定子
下机架、推导轴承
机坑里衬
控制环
顶盖
座环
底环
基础环
蜗壳
尾水锥管
尾水肘管

机头罩
上机架、上导轴承
转子
发电机轴
水轮机轴
水导轴承
主轴密封
转轮
蜗壳排水管

## 水轮机基础参数

水轮机型号：HLA1181-LJ-872

水轮机形式：立轴混流式金属蜗壳

最大水头：243.1m

额定水头：202.0m

最小水头：163.9m

额定流量：539m³/s

额定转速：107.1r/min

额定出力：1015MW

最大连续出力：1128MW

吸出高度：—13m

装机高程：570.0m

比 转 速：141.7m·kW

旋转方向：俯视顺时针

转　轮：重约338t

　　　　进口直径8723.3mm

止漏环间隙：上部3.5～4.0mm

　　　　　　下部4.0～4.5mm

制造：哈电集团哈尔滨电机厂有限责任公司

安装：中国葛洲坝集团机电建设有限公司

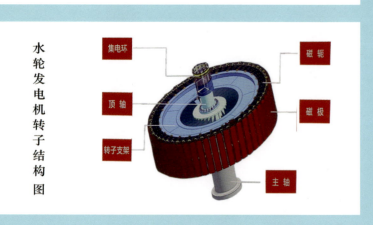

水轮发电机转子结构图

集电环
磁轭
顶轴
磁极
转子支架
主轴

钻孔锚固 2017-03-31

深钻破石 2017-03-31

钻孔锚固近景 2017-03-31

2017-10-28

2017-10-28

挖掘成形的
主厂房

2017-10-29

2017-10-29

焊固锚头　　　　　　　　　　　　　　2017-10-29

清理锚头石渣　　　　　　　　　　　　2017-11-07

**钻地备爆**

2017-11-07

2017-11-07

2017-11-07

2017-11-07

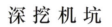

深 挖 机 坑

2018-03-21

2017-11-07

2017-11-07

2017-11-07

两壁深埋锚杆的主厂房

2018-03-21

整治围岩变形

2018-03-21

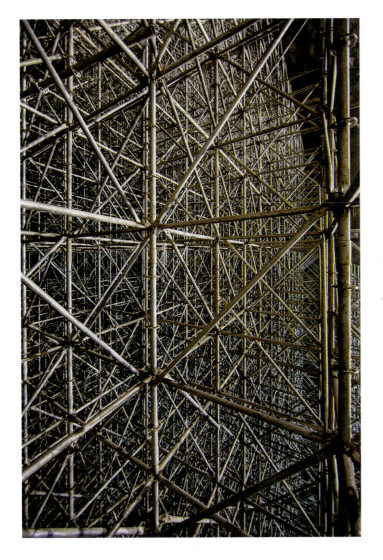

搭建
十字盘扣脚手架

2018-03-21

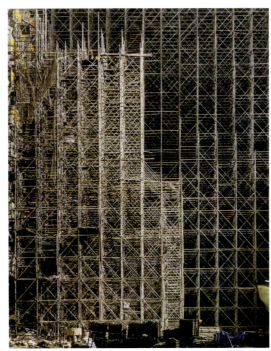

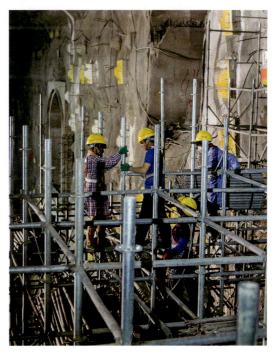

## 安装尾水肘管

右岸地下电厂单台机组尾水肘管为 13 节，管节最大重量 42.8t，管节最小重量 16.9t，单台机组尾水肘管（含内支撑）安装工程重量 337.5t，8 台机组尾水肘管共 104 节，安装总工程重量 2700t。

2018-10-15

2018-10-21

2018-10-21

2019-04-05

2018-10-15

2018-10-15

2018-10-21

安装尾水锥管

2018-10-21

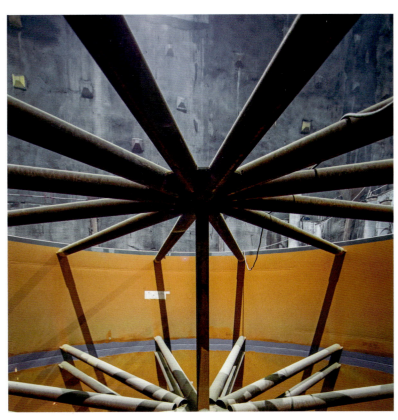

2018-10-15

右岸地下电厂的每台发电机组锥管层包括 4 节锥管、排水管道系统、基础埋件安装及对应的混凝土施工，右岸 8 台机组锥管层混凝土浇筑总量达 5409m³。

2019-09-19

2019-04-05

2018-10-15

2019-09-19

绑扎尾水锥管与维修廊道的钢筋骨架

2019-09-19

长臂浇筑混凝土                    2018-10-21

竖管浇筑混凝土             2018-10-15

## 发电机机窝钢筋绑扎

2019-04-05                    2019-04-05                    2019-09-19

# 安装座环

座环是水轮机最重要的受力部件之一，主要由上环板、下环板、固定导叶等组成。座环是机组埋件的核心，也是机组过流部件的组成部分，是水轮机所有结构组件中单体重量最重的部件。

白鹤滩水电站水轮机整体座环高约 4m，和混凝土结构一起支撑发电机、水轮机等重要部件及水轮机轴向推力共计约 5000t 的荷载。左、右岸地下电厂各有 8 台座环，其中，左岸单台座环重 467.1t，右岸单台座环重 505.0t。机组座环采用工厂化模式在左、右岸地下电厂安装间进行现场组装、调整和焊接。单台座环分 4 瓣运至施工区，在地下电厂安装间整体组装焊接后通过 1300t 桥机吊入机坑。

2019 年 11 月 30 日，右岸地下电厂 11 号座环顺利吊入机坑，标志着白鹤滩水电站工程左、右岸地下电厂 16 台座环全部吊装完成。

安装到位　　　　　　　　　　　　　　2019-09-19

座环下面的弧光　　　　　　　　　　　2019-09-19

安装蜗壳　　　　　　　　　　　　　　2019-09-24

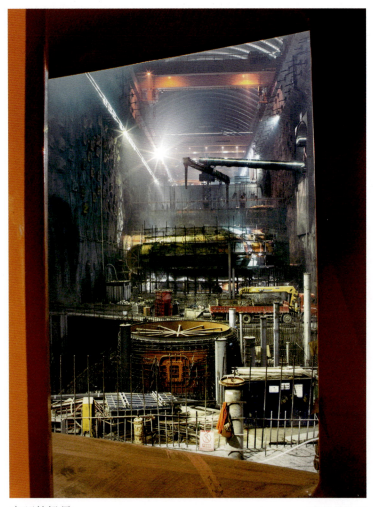

座环外场景　　　　　　　　　　　　　2019-09-19

座环水平测量验收

地下厂房检修廊道铺设钢筋        2018-10-15

廊道地板铺设钢筋网格        2018-10-15

钢筋网格下的岩石层        2018-10-15

## 铺设检修廊道钢筋骨架

检修廊道        2018-10-17

廊道外的钢筋骨架        2018-10-17

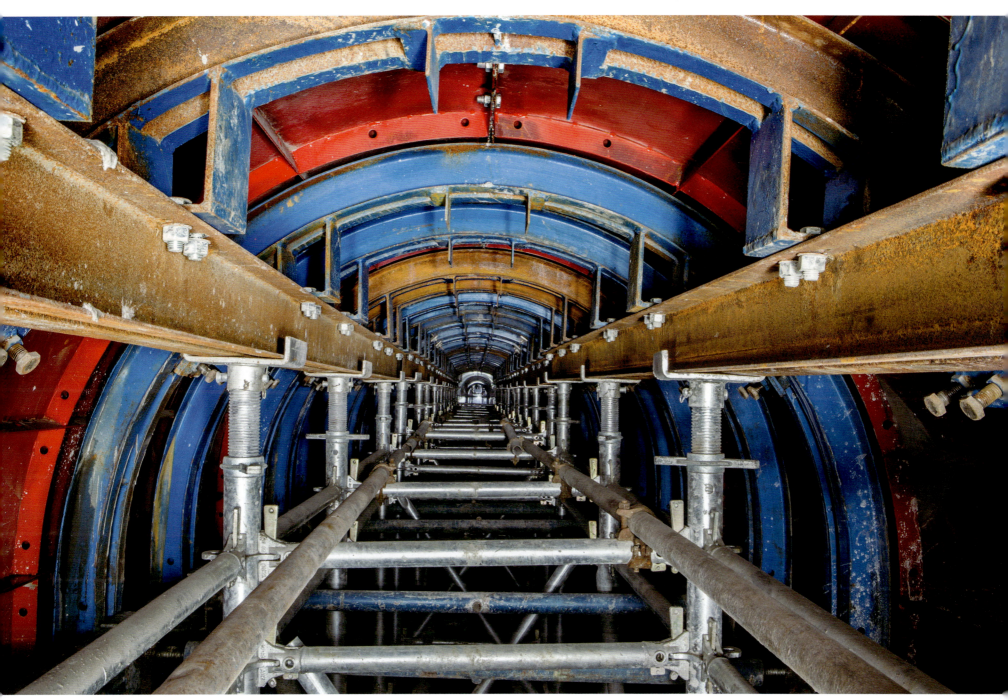

检修廊道浇筑拱形模板支架

2018-10-17

## 组装蜗壳

2019-09-19

2019-04-05

2019-04-05

2019-09-19

2019-04-05

2019-09-19

## 绑扎机窝钢筋骨架

2020-09-13

2019-09-19

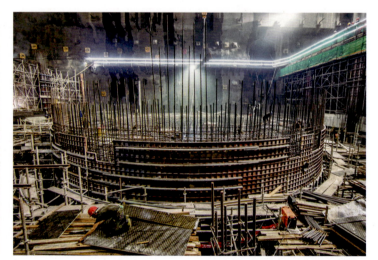

2020-09-13

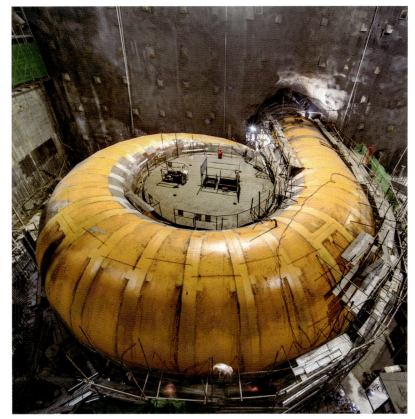

安装完成的蜗壳 2019-09-19

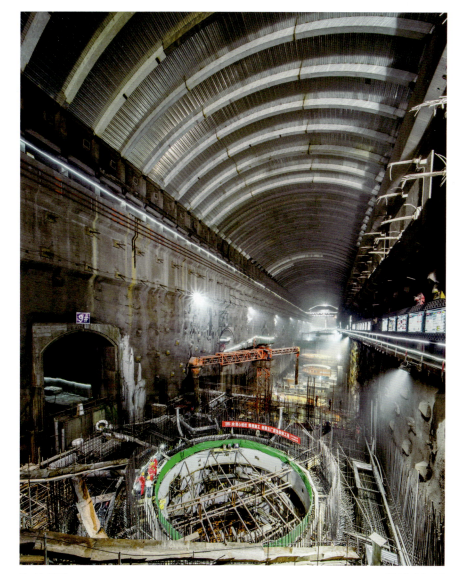

浇筑机窝 2019-09-19

绑扎机窝钢筋骨架（一） 2019-04-05

绑扎机窝钢筋骨架（二） 2020-09-13

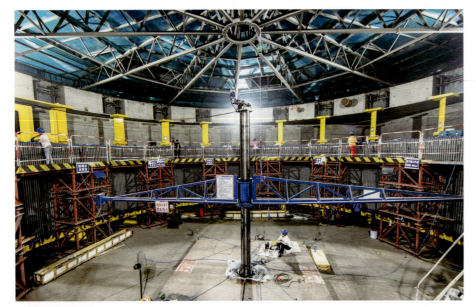

## 装配定子

压紧定子铁芯　2020-09-13

操作定子铁芯拉伸设备　2020-09-13

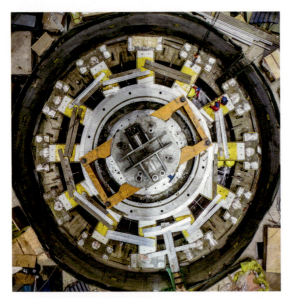

在机窝中安装下机架零部件　2020-09-13　　安装推力轴承冷却器　2020-09-13　　安装调整定位筋　2020-09-06

安装定子绕组汇流环管　2021-10-23　　拉伸定子铁芯穿心螺栓（一）　2020-09-13　　拉伸定子铁芯穿心螺栓（二）　2020-09-13

## 吊装顶盖

2021-10-23

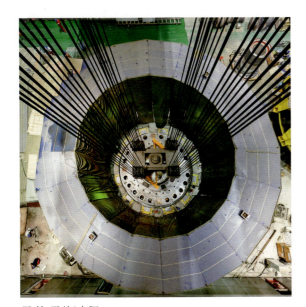

吊装顶盖过程

操作吊装顶盖起重桥机

安装定子绕组汇流环　　　　　　　　　　　　　2021-10-23

## 定子装配

安装槽楔（一）　　　　　　　　2021-10-15

安装槽楔（二）　　　　　　　　2021-10-15

检查定子铁芯安装质量　　　　　　　　　　　2020-09-13

绝缘盒安装准备 2021-10-15

安装槽楔（三） 2021-10-15

检查线棒绑扎情况 2021-10-15

绑扎抹胶及缝隙填充（一） 2021-10-15

绑扎抹胶及缝隙填充（二）

2021-10-15

检查线棒绑绳工艺质量 2021-10-15

依次排列装配中的下机架、中心体、转子 2021-10-23

转子起吊机 2020-09-06

装配中的转子 2021-10-23

## 组装转子

2021-09-13

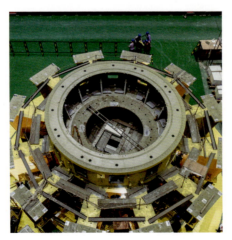

2021-10-23

2021-10-23

2021-10-23

在地下主厂房组装转子

2020-09-06

14 号水轮发电机组

转子吊装

2020-09-09

待吊装转子

待安装转子的机窝

转子从安装现场吊移

机组试运行情况研究讨论会 2021-05-19

机组试运行调试 2021-05-24

机坑内的定子上风 2021-05-19

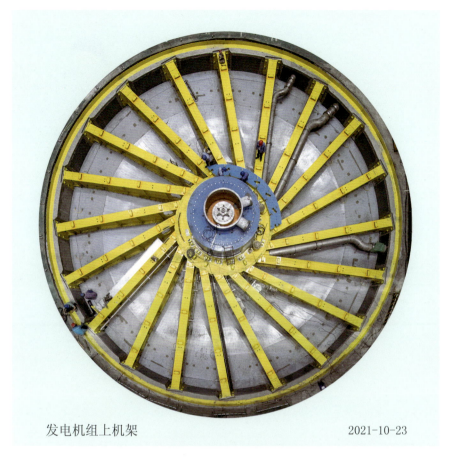

发电机组上机架 2021-10-23

发电机组推力轴承室 2021-05-19

安装水导轴承 2021-05-19

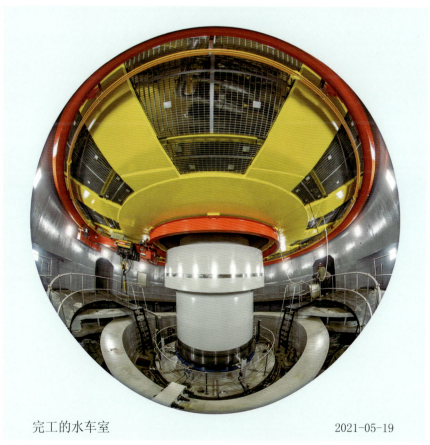

完工的水车室 2021-05-19

清理地基　　　　　　　　　2018-03-21

安装模板　　　　　　　　　2018-03-21

## 主变室

绑扎拱顶钢筋　　　　　　　　　2018-03-21

挖掘主变室　　　　　　　　　2017-10-28

清理渣土　　　　　　2018-03-21

母线洞施工　　　　　2018-03-21

## 安装主变压器

2021-05-19

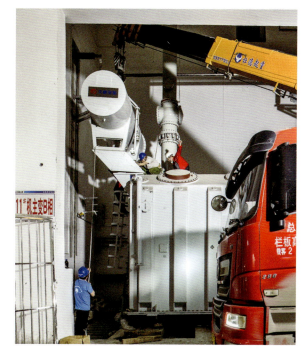

2021-10-15

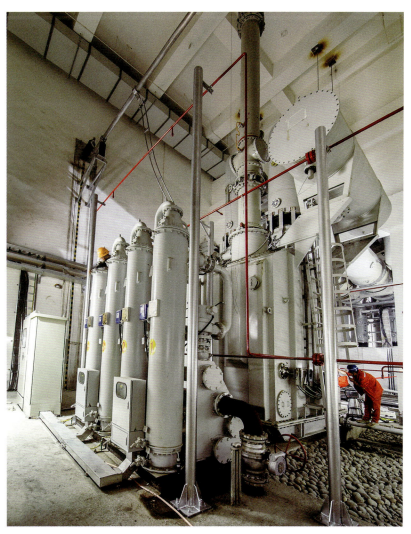

2021-05-24

2021-05-24

## GIS 站

2021-05-24

# 二十三、发电运行管理

运行分析 　　　　　　　　　　　2022-10-27

工作人员正在右岸地下电厂值班 　　　2022-10-24

调阅资料 　　　　　　　　　　　2022-10-24

工作人员正在左岸地下电厂值班 　　　2022-10-24

右岸地下电厂机组运行调试 　　　　　2022-10-24

打扫左岸地下电厂
2022-10-24

左岸地下电厂厂房全貌
2022-10-24

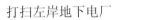

中央控制室
2022-10-27

右岸地下电厂厂房全貌

2022-10-24